李瑞波　吴少

U0605937

生物腐植酸肥料
生产与应用

SHENGWU FUZHISUAN FEILIAO
SHENGCHAN YU YINGYONG

 化学工业出版社
·北京·

本书以生物腐植酸肥料技术在农业现代化、循环经济和节能环保等方面应用为切入点，详细介绍了新型生物腐植酸肥料各品种的特点、功能、生产工艺和应用技术，并针对我国有机肥料和有机无机复混肥料技术现状提出了创新观点和指导意见。

　　本书可作为生物腐植酸在农业领域应用知识的普及读本，适合广大肥料行业从业人员、农业科研人员和管理工作者、环保工作者作参考使用。

图书在版编目（CIP）数据

　　生物腐植酸肥料生产与应用/李瑞波，吴少全著. —北京：化学工业出版社，2011.10（2022.5重印）
　　ISBN 978-7-122-12264-3

　　Ⅰ.生… Ⅱ.①李…②吴… Ⅲ.腐植酸-应用-有机肥料 Ⅳ.S141

　　中国版本图书馆 CIP 数据核字（2011）第 184389 号

责任编辑：刘　军　　　　　　　　　　装帧设计：张　辉
责任校对：吴　静

出版发行：化学工业出版社（北京市东城区青年湖南街 13 号　邮政编码 100011）
印　　装：北京虎彩文化传播有限公司
850mm×1168mm　1/32　印张 6　字数 125 千字
2022 年 5 月北京第 1 版第 7 次印刷

购书咨询：010-64518888　　　　　　　　售后服务：010-64518899
网　　址：http://www.cip.com.cn
凡购买本书，如有缺损质量问题，本社销售中心负责调换。

定　　价：38.00 元

前 言

2007 年 10 月，笔者向化学工业出版社投稿了《生物腐植酸与生态农业》一书，作为纪念中国腐植酸工业 50 年结集出版的五本专著之一。由于当时经验所限，时间仓促，以致该书出版后，自己觉得留下不少遗憾。该书在全国发行后，收到许多读者来电来信，给予我热情指教，更多的是要求帮助他们设计生物腐植酸肥料厂，这更使我暗下决心要写一本更有实践指导性的"生物腐植酸"，既可补原作之憾，又可让许许多多希望投身于腐植酸肥料产业的朋友有一本实用的参考书。由于本人年事渐高，恐今后没勇气启动又一个"一本书工程"，于是千方百计挤时间，与吴少全先生共同完成本书。

本书重点是介绍腐植酸肥料，所以有必要同读者一起重温腐植酸行业的经典理论，即腐植酸在农业方面的五大功能：改良土壤、增进肥效、调节作物生长、提高作物的抗逆性和改善作物品质。由于生物腐植酸内含物中有丰富的黄腐酸（即富里酸，fulvic acid），这是腐植酸类物质中分子量最小的部分，因而活性最强、水溶性最好，这就使其对上述五大功能的表达更为明显。

关于微生物肥料的定义，农业领域专家是这样论述的："微生物肥料是指一类含有活微生物的特定制品，应用于农业生产中，作物能够获得特定的肥料效应，在这种效应的产生中，制品中活的微生物起关键作用。"我国微生物肥料和农用微生物菌剂行业在艰难曲折中走了二十多个年头。一桩伟大的事业经历一二十年磨难，这是正常的。因为农业微生物的先行者们缺乏经验，而广大农业从业者对微生物肥料的认识又必须经历一个过程。现在这一切都过去了，该是这个伟大事业发展和获取回报的时候了。

有些品种的生物腐植酸产品内含物中功能菌的含量达到每克几千万个甚至数亿个以上，这种产品就达到了微生物肥料或农用微生物菌剂的标准。事实上，在生产工艺中按微生物菌剂的干燥条件对发酵生物腐植酸产品进行干燥，就能实现这一点。这就是说：我们可以使生物腐植酸产品具备微生物肥料或农用微生物菌剂的功能。

几乎所有生产生物腐植酸产品的厂家都以有机废弃物作为主要原料，通过生物腐植酸技术把大量工农业有机废弃物转化为腐植酸肥料产品，用于增强土壤肥力，使有机物不转化为温室气体或水系的污染源，实现贮碳于土。以生物腐植酸技术生产腐植酸肥料，不但肥料质量更高，成本更低，而且资源是可再生的，是无穷无尽的。这就使生物腐植酸与节能减排和环保事业结缘。

这是一个交叉学科的产业，其产品既具有腐植酸（农业）五大功能，又具有农用微生物的功能，同时又带动节能减排和环境保护。可想而知，这种产业有多大的发展前景，有多么良好的商业价值。

由于生物腐植酸产品是有机废弃物资源化利用的结果，腐植酸肥料产业的发展壮大必然使多种产业例如制糖工业、食品工业、造纸业、畜禽养殖业等，各派生出巨大的新产业。这是一类产业结构的调整；另一方面，生物腐植酸技术和绿色环保肥料技术的发展，必然导致两大涉农产业——化肥和农药的技术改造，这是第二类产业结构调整。这一切充分显示，生物腐植酸技术的普及应用，将给国民经济绿色 GDP 贡献巨大的"核动力"。

本书在全面论述生物腐植酸农用产品各种功能及使用方法的过程中，将重点就各类腐植酸肥料厂的设计建厂、生产工艺和生产管理等作详细介绍，以使诸多希望利用生物腐植酸技术生产腐植酸肥料或生物有机肥的朋友能有所借鉴。另外，为了说明生物腐植酸技术体系在农业现代化和循环经济中巨大应用价值，三年多来笔者曾为此撰写了多篇学术论文和设计范本。本书在书末附上相关设计文件，作为本书的组成部分，可以清楚地显示一项核心技术如何发展成为一个技术体系，这个技术体系又如何发展成一种大产业。由此还能提供给广大读者多方位视角探视生物腐植酸技术体系，从而使读者群从农业从业者扩大到农业技术研究和农业管理工作者。本书在一些章节中还表达了我们对经典的肥料制造工艺和肥料质量标准的一些新的看法，望能引起业界的重视和讨论，促进我国肥料制造技术的进步。

书稿经中国农业科学院朱昌雄研究员和华南农业大学廖宗文教授等悉心指导修改，在此致谢。

李瑞波

2011 年 6 月

目 录

第一章
生物腐植酸粉剂及应用

第一节　生物腐植酸粉剂的生产及其技术指标

生物腐植酸（biological fulvic acid，BFA），是指以生物质为原料，利用生物、化学方法或两法兼用，而取得的含腐植酸产品，或既含腐植酸又含有效微生物的产品，学术上简化表达为BHA。由于商品中腐植酸（HA）的存在形态主要为黄腐酸（FA），所以表达为BFA更为准确。这类生物腐植酸分为粉剂和液剂两种。两种产品都来源于微生物发酵，但是工艺过程不同。本节先介绍生物腐植酸（BFA）粉剂。

目前BFA粉剂的生产技术均有专利保护，不方便详细披露，这里仅对其加工原理和工艺过程做一般性介绍。

用经筛选的专用诱导菌，通过专门的培养基及特殊发酵工艺对富含纤维素、木质素的物料进行发酵，形成的发酵物，经适当干燥工艺（以保留有效菌为原则），得到干燥物，再经粉碎就是BFA粉剂，如图1-1所示。

在专用复合菌和物料自身携带的菌群共同作用下，物料中的

图 1-1　BFA 粉剂产品

纤维素和部分木质素迅速被分解，成为微生物的能源（碳源）。微生物快速繁殖，物料温度快速上升。这个过程微生物的代谢产物就以黄腐酸（FA）和其他水溶有机质的形式保留下来，同时菌群中的芽孢杆菌由于产生芽孢而在快速干燥过程中能够自我保护而保存下来。

实验证明，碎蔗渣是最理想的主料，而且在露天堆放几个月效果更好。除了原料之外，干燥方式对产品质量影响最大，切忌高温烘干和强烈阳光下暴晒。因为高温烘干，杀灭了物料中的功能菌，还使黄腐酸（FA）老化，失去其生理活性。物料暴晒于阳光下，强烈的紫外线杀伤大量功能菌，使物料中有效菌数达不到质量要求。

BFA 产品作为发酵剂用，粉碎至 40～50 目就可以，如果作种子包衣剂或膏肥原料，则应达到 100 目以上。图 1-2 是生物腐植酸（BFA）粉剂生产工艺流程。

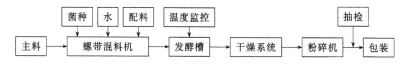

图 1-2　生物腐植酸(BFA)粉剂生产工艺流程

上述流程中，检测的主要指标是黄腐酸（FA）含量、功能菌（B）含量、含水率（H_2O）。

建立微生物检测室至关重要。通过对各工艺环节及时抽样检测，才能了解各工艺参数是否合理稳定。从而保证 BFA 产品质量的合格和稳定。

发酵物正常干燥后直接粉碎至 100 目，可以达到如下质量指标：

黄腐酸≥16％，功能菌≥$2×10^8$ 个/克，含水率≤10％。

产品达到以上指标，功能菌转变为芽孢，可以在密封的环境中保存 12 个月以上。

不合格产品可以分批回流到混料机重新发酵，有的半成品功能菌含量达不到"亿个/克"的级别，但黄腐酸含量却达到 14％以上，可以加工成生根剂、浸种剂、种子包衣剂和膏肥原料，或者粉碎后掺到有机肥中。

第二节　生物腐植酸粉剂在农业上的直接应用

腐植酸具有改良土壤、增进肥效、调节作物生长、提高作物的抗逆性和改善作物品质等五大功能，而 BFA 兼具农用腐植酸产品和农用微生物菌剂的功能，因而可以在农业领域广泛应用并显示出独特的功效，以下摘其要点分别给予介绍。

1. 生物腐植酸作土壤改良剂

BFA 粉剂可单独用作土壤改良剂，效果相当显著，每亩每次 3～5kg，一般要施用两次，间隔 2～3 个月。第二次施用后，效果就出来了：板结的土地会变得松软，吸水能力增强。这种效果可以保持两年左右。对于新开垦的土地、盐碱地、土传病害严重的土地，或有机质含量太低、板结严重的土地，使用 BFA 粉剂直接改良土壤，方法简单、效果好、成本低。

BFA 粉改良土壤的原理：一是黄腐酸将土壤中的钙离子从一些不溶于水的钙盐中置换过来，形成带胶体性质的腐植酸钙，从而为土壤团粒结构"造核"，改良土壤物理性状。二是功能菌的作用。即使在恶劣的土壤环境中，生物黄腐酸中的黄腐酸为功能菌的繁殖提供了碳源，功能菌凭借自己的"伴侣"而生长繁殖，开始改善土壤中的微生物结构。特别是改善作物根际微生态环境，刺激作物根系的发展，增加根际有机酸浓度，使土壤的水、气、热条件得到进一步改善。

BFA 粉作土壤改良剂的使用原则是"随水而行"，因地制宜。例如没有农作物的地块，可将 BFA 粉兑水稀释 200～1000 倍，泼洒后翻耕。有农作物的地块，可按每亩 3～5kg 兑水灌根。注意，不可图省事而将 BFA 粉洒在地面了事。另一原则是"混肥埋施"，既能改良土壤又能提高肥效。

2. 生物腐植酸作肥料增效剂

BFA 粉剂与有机肥或化肥混用都能提高肥效。提高肥效的原理与改良土壤有关，土壤水气热条件好，肥料利用率自然会提高；作物根系发育好，吸收肥料的能力和效率当然会提高。而单从 BFA 与肥料的关系来看，BFA 中的 FA 是活性最强的一类腐植酸，具有固氮、活磷、促钾的功能，有提高作物内部溶液输送功能以及促进微循环的功能。这些都使 BFA 显示出很强的提高肥效的作用。

BFA 粉与有机肥混合，用量为有机肥量的 1%～2%，可简单混合后施用，也可在施基肥时，有机肥和 BFA 粉一前一后施入穴（坑）中。如果是农家堆肥，能在制作堆肥时混入 0.5%～1% 的 BFA 一起堆肥则效果更好。

BFA 粉与化肥混用，可以与化肥混合后施用，也可以与化肥一前一后施入穴（坑）中，用量为化肥用量的 10%，施后覆土。经上述方法，加用 BFA 后，肥效（体现为作物增产量）一般提高 15%～20%，而对块茎类作物和边摘边长的豆类作物，效果更加明显，增产量可达到 50% 以上。

2010 年 11 月 23 日至 2011 年 3 月 23 日，作者在福建省诏安县境内进行了马铃薯种植增施 BFA 粉剂的试验，取得了非常好的效果：每亩（1 亩＝667m²）马铃薯地增加投入 10kg BFA（100 元），增产马铃薯 737kg，增加收入 1500 元，产投比达到 15：1（表 1-1）。

表 1-1　福建省诏安县西沈乡马铃薯种植增施 BFA 效果

栏　　目	处理 1	处理 2
施肥方案①	常规处理	处理 1＋10kgBFA 作基肥
其他管理措施	一般传统管理	一般传统管理
试验面积	10 亩	10 亩
土壤情况	地力低，保肥保水情况差	同左
每亩基肥成本/元	320	420

栏　　目	处理1	处理2
出苗率/%	70	95
亩产/kg	942	1679
合格果率/%	85.6	92.7
亩产值/元	2000	3500
收获后土壤含水率/%	6	13

① 常规处理措施用"黑马"牌复合肥（16-16-16）100kg作基肥。

如图 1-3 所示，在该马铃薯试验地上对两个处理各随机抽取 30m² 地进行收成的对比（桶里为合格果），左边的是只施用纯化肥，右边的是增施了 BFA 粉剂。

图 1-3　BFA 作为肥料添加剂在马铃薯的应用对比

根据 BFA 增进肥效的原理，用现代化大生产的思维，可以设计一个新的肥料品种——BFA 功能粒子，也可以称之为"化肥伴侣"（图 1-4）。将 BFA 粉经造粒干燥后直接交给化肥厂，在化肥装袋前按 5%～10% 的重量混进 BFA 粒子。这样售出的化肥实际化肥量减少 5%～10%，但总肥效将提高 10%～15%，而且这是一种能产生活体微生物的化肥，能改良土壤和作物品质的化肥。这就能使该品种的化肥"活"起来，品牌响起来，身价当然也会高起来。

图 1-4　BFA 功能粒子（化肥伴侣）

3. 生物腐植酸在种苗处理方面的应用

根据 BFA 具有促生根、促微循环，抑制土传病害等方面的功能，将 BFA 粉剂与作物种苗培育结合起来，收到了意想不到的效果。

（1）作为作物种子包衣剂的配料　在原包衣剂原料中加入 15％～20％BFA 粉。

（2）直接配制种子包衣剂　将 BFA 细粉与黄泥干粉配成 1:1 的包衣粉，待播种子预浸种 8～24h（可根据种壳的厚度硬度酌定），捞出沥干后用包衣粉混合抛筛，使种子均匀裹上色衣，即可播种。

（3）条播扦插枝条预处理　将 BFA 粉兑水 200～400 倍作浸液，待插枝条下部在液中浸泡 6～12h 后植入土壤中。

（4）高枝环刈育苗，用 BFA 粉与培养泥按 1：50 混合，比单用培养泥生根快，根系发达，移栽后成活率高、株壮。

（5）移苗时用 BFA 粉兑水 300～400 倍作定根水，幼苗返青快，成活率高，抗土传病害能力强。

2003 年春，福建诏安县西谭乡一农户用 BFA 配制的包衣粉处理萌芽谷种，秧苗比对照田嫩绿粗壮，在播种 10 天后出现倒春寒天气，对照田烂秧 40%～50%，包衣处理秧苗损失不超过 5%。

2004 年，福建省华安县仙都镇一茶农用 BFA 粉的水液浸泡待扦插茶枝，扦插后苗圃一片生机，比对照田长势旺，每株茶苗售价提高 0.15 元。

4. 生物腐植酸对废水、沼水和果蔬基地废弃物的处理

大型沼气池产生的沼水，通常没能得到合理的处理，偷排滥排的情况时有发生，对环境造成污染；有些城镇大型垃圾暂堆场，堆底污水横流；一些中小型养殖场，每天都在向外排出污水。这些往往容易造成城镇边沿臭气熏天，成为城乡边际沟渠水质恶化的源头。这几类污水废水都有一个共同点：化学需氧量（COD）非常高。本来这部分沼液用来灌溉农田，是很好的液肥，但为什么有很多例子却是施了沼液反而造成欠收？原因在于这些沼液未经处理，容易滋生各种病菌害虫，从而造成对农田及土壤的危害。如收集这些污水，集中用 BFA 技术进行处理，让特定有益菌先占领生态位，抑制其他病菌害虫，则能避免这些问题，并提高农田土壤的生物肥力。这样处理使沼液成为使用价值更高的液体肥料。这就可以衍生出一个新产

业——利用城乡边沿污水制造液体肥料的"供肥站"和"供肥罐车队"。

这种产业正式运转后，通过积累经验，认识客户，可以再增加一个营业内容：在罐车后挂一个拖斗，收集果菜基地的烂果废叶，到"供肥站"通过另一套生产线深加工成另一种液肥，与污水液肥混合后循环到果菜基地去（图1-5）。

这不但是一种技术创新，还是观念创新和机制创新。通过这些创新，我们的城镇将变得更干净，空气更清新。同时，果蔬生产成本将更低、味道更甜美。

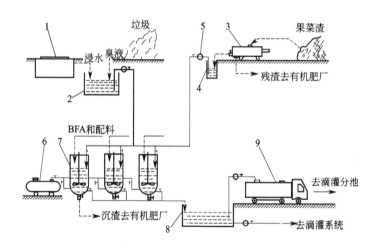

图 1-5　利用高浓度有机废水或果菜渣生产腐植酸液体肥的供肥站

1—化粪池或沼气池；2—集液池；3—压榨机；4—集液池；5—泵；

6—空压机；7—发酵罐；8—液体肥池；9—罐车

注：发酵罐可用水泥池代替，池深3m以内，以圆形为佳

5. 生物腐植酸作秸秆腐熟剂

随着农村生活条件的改善，农作物秸秆作为农村能源的时代

逐渐远去，当然也就是秸秆大量还田的时代开始了。

秸秆还田途径有多种，效果大不一样。一种是简单还田：破（切）碎后撒到地里，翻耕下去，这种方法腐熟慢（有的一年还不烂），效果较差。一种是过腹还田，让食草动物吃下去，畜粪还田。这种方法经济效益最好，既得到粪肥，又得到肉。但由于种种原因，这种模式推广的地域有诸多限制，难以普及。更适合普及而又效果好的是给秸秆添加秸秆腐熟剂。BFA 粉就是一种优质的秸秆腐熟剂，它除了有其他普遍使用的腐熟剂同样的腐熟功能外，还多了一种功能：使腐熟物吸水保水性更强。因为BFA 及其腐熟物富含 FA，而 FA 具有很强的吸附水分的功能。这对北方干旱地区尤为有利：使用 BFA 腐熟剂后，土壤墒情好，抗干旱能力强。

（1）秸秆经机器破碎撒遍地面，然后再将 BFA 粉的 200～400 倍液洒于其上。在实际大田操作时，可把 BFA 液桶安在破撒秸秆的机器上，边撒秸秆边喷洒液体。随后该机器的犁刀便把湿秸秆翻进土里，三件事一次解决。

（2）在地头建堆 一层碎秸秆或废菜叶，撒一些 BFA 粉，一层园土。一层一层堆到 2.5～3m 高，长宽不限，最后在顶部浇灌水，直到底部开始渗出水为止，再用农膜封盖好，两三个月后开堆就是腐熟的长满菌丝的堆肥，取之撒于农田，翻耕入土。

（3）适合稻田 收割机将稻秆抛撒在田里，用 BFA 粉（每亩 5kg）撒到稻秆上，然后翻耕。

坚持用 BFA 粉腐熟秸秆（或烂果菜叶），土壤每年得到大量腐熟有机质（包括腐植酸）的补充，肥力呈年年上升趋势，土壤保水保肥能力增强，病害少发生，土地小生态进入良性循环状态。

6. 生物腐植酸用于农村堆肥

农村堆肥（也即非设施堆肥）是农民处理农村垃圾和制造有机肥的传统方法之一，也是现在农业大户和私营农场自制有机肥的措施，它具有成本低、原材料来源广等特点。但农村堆肥时间长，一般需二至三个月。另外，该堆肥方法堆温偏低，如果原料中有害杂菌和蛔虫卵比较多，则这些有害微生物将被传播开去。

如果将上述堆肥方法作些改进，就可以在不增加设施、不增加太多成本的情况下使堆肥快速高温腐熟，这就是加入 BFA 粉并讲究一些规范，具体应做到的是。

（1）适当调配物料成分，使其碳氮比接近（25～30）∶1。例如杂草秸秆太多，应加些鸡粪或鸡粪干；塘泥太多应加些秸秆和猪粪；食用菌培养基废渣太多，就使用一些人粪尿或沼渣。

（2）掌握较适合的 pH 值，一般 pH 值在 6～8.5，使用 BFA 粉时可掌握在 5～8.5。一些主料酸性较强（例如猪粪为主），加 5％熟石灰是有益的。但应先加熟石灰混合后再加 BFA 混合。

（3）掌握好物料含水率，以 50％～60％为好，含水率太低，发酵进行不下去，含水率太高，堆温不高且会产生酸臭味。操作中用手捏物料感觉湿而不渗滴、松手能成团而落地能散开，这就是含水率合适了。

（4）加入 1.5%～2%尿素、3%～5%过磷酸钙、2%氯化钾，不仅有助于发酵，而且堆肥产品肥效大大提高。

（5）建堆不踏不压，堆高 1～1.2m，宽长不限，外表遮蔽些干草或秸秆，再封盖塑料膜保湿避雨。

用这种方法堆肥，10～15 天开堆可用，其气味酸香、肥效比传统堆肥高 50%～100%（即单位面积用量可为传统堆肥的 50%～70%）。

对于农业大户和大农场来说，不应满足于能改善传统堆肥，还可以到外地多拉些原材料来，继续堆肥，发酵后就地晾干贮存起来，下一季再用，将使农场逐渐摆脱对化肥和农药的绝对依赖，走上可持续发展之路。

建议以下物料可多收存备用：桐枯、鸡粪干、废烟丝、磷矿粉、草本泥炭、食用菌废棒渣等。

有的专业农场或农业片区每年产生大量自生废弃物，用之无方，弃之为害，甚是无奈。例如香蕉园，现在在广东、海南、广西、云南等省逐渐形成大规模连片种植，每年产生大量香蕉秆，这些香蕉秆含水量 90%以上，又粗又重，很难处理。但香蕉秆的干物质中，含有机质 60%左右，含钾量 8%以上，如果当地有专业化处理机构，则用香蕉秆为主料制作堆肥，既能消除种植区内香蕉秆成灾的问题，又可回收大量钾肥和有机肥。这种专业化操作程序设计见图 1-6。

图 1-6　香蕉产区主要废弃物循环利用示意图

秆肥交流站是用堆肥向种植户换香蕉秆的地方，方便各户送蕉秆和买肥，无秆按100％价卖肥，有秆按优惠价卖肥，如何优惠自有章程。

蕉秆粗加工场配备专用机器，将运来的蕉秆随时送入机器剖成菹片，然后将菹片晾晒到场外空地，待菹片含水量至50％左右，即可收集破碎。

堆肥场收到蕉秆碎干料（含水50％）后，加入其他配料用BFA粉混合建堆发酵。用肥季节开堆后即可装袋运到交流站发售。非用肥季节将堆肥高堆（2.5～3m），贮存到待用肥季节，高堆发酵料含水率下降了。两种肥，含水率不同，售价也不同。以上是一个机构（或企业）多个环节，重点在堆肥场。这种机制运作，投资少，人员少，生产工艺简单，几乎不需要营销队伍，肥料生产成本超低，但用户得到实惠。经营这样一个年产量数万吨的肥料系统，年利润数百万元，利润非常可观。这种模式在大花卉基地，或者大蔬菜种植区，均可尝试。

但上述"秆肥"交换式的机制在现实中可能因相关规定而难产，因为肥料没有"证"，或者某些指标不合格，即不能出售。

7. 生物腐植酸在"零排放"生物发酵床养猪方面的应用

现在我国零排放生物发酵床养猪模式已逐渐被养猪业者所接受，大有蓬勃发展之势。该模式的技术要点之一是猪圈垫料的制作。垫料在入圈前已经发酵，并带着活菌垫入圈内，任由猪在上面运动、睡觉和排便，一般还配套口服菌剂，使猪粪无臭并不断向垫床补充活菌。在多种活菌的复合作用下，加上猪的翻拱踩踏，垫料及猪粪尿处于连续发酵状态中，保证了垫料不干不臭，使猪舍小环境保持卫生清洁无异味，这就是合格的零排放生物发酵床养猪模式。

BFA 粉是制作垫料的众多发酵剂之一种，用量为垫料总物料的 0.5%，操作简便，使用效果好，必然在这一新型科学养猪技术的推广中发挥重大作用。

第二章
生物腐植酸有机肥料

第一节 关于碳肥的讨论

植物所需大量营养元素是碳（C）、氢（H）、氧（O）、氮（N）、磷（P）、钾（K）。但由于植物可通过光合作用和"喝水"吸收碳、氢、氧等营养元素，所以在农产品大量生产的时期，就只产生了氮肥、磷肥、钾肥，而碳肥却被忽略了，其实排在第一位的大量营养元素是"碳"。

在有机农业时代，农民每年都不断向土地补充有机肥，使土壤中有充足的碳肥，但进入化学农业阶段，只施化肥，少施或不施有机肥，作物所需碳肥得不到足量补充，大量农田土壤中有机质下降到1％以下，碳成了"短板"，不但没有了有机框架，团粒结构差，土壤板结，并导致水、气、热等条件恶化而使物理肥力降低，进而造成土壤微生物生活环境的恶化，土壤的生物肥力急剧下降。在这种土壤条件中生长的农作物，实际上是处于一种亚健康状态，作物抗逆机能下降、病虫害增加、产量减低、品质变差。

足量有机肥的施用，对土壤物理肥力和生物肥力起到协调和提高的作用，并使作物根部能直接吸收到足够的碳肥。碳元素是农作物干物质中含量最高的元素。有人会问：作物可以从空气中吸收二氧化碳（CO_2），这不就解决了碳肥问题吗？笔者认为：从空气中吸收二氧化碳，继而经光合作用而转化为碳水化合物，这只是作物利用碳肥的一种途径。而根部吸收小分子有机质，直接转化为作物细胞的成分，是作物利用碳肥的另一种途径。土壤中缺乏能被作物直接吸收的水溶性小分子有机物，作物就难以从土壤中吸收到"碳"肥。这两种途径表面上是"异曲同工"，但实际上转化的生化反应和消耗的能量，以及两种途径对作物干物质增加的贡献率，肯定是不能相提并论的。

化学肥料中除尿素可以给作物提供一些碳肥外，其他化肥都没有提供碳肥的功能。但众所周知，根据碳元素在尿素中所占的比例，以及农作物每季施用尿素的量，尿素能给土壤补充的碳肥是微乎其微的。也就是说，施碳肥主要依靠有机肥。

什么是真正意义上的有机肥？表 2-1 对几种类型的有机肥进行比较和评价。

表 2-1　几种类型有机肥的比较

类　型	评　价
简单的秸秆还田	在土壤中长时间得不到腐解，难以使秸秆中的碳转化为碳肥
用风化煤、泥炭粉碎充当"有机肥"	这类物料尽管有机质含量很高，但这些有机质都是矿化程度很高的物质，难溶于水，其中的碳多年不能转化为碳肥
好氧翻堆发酵有机肥	这是有机肥生产中多年来应用的主流技术。该技术使用好氧菌，因其发酵温度高，既可做到有机质充分腐解，又可杀灭有害菌和虫卵。但这种工艺技术需多次翻堆，有机质中的碳元素氧化成二氧化碳逸出，不但大量排放温室气体，还降低了肥料中碳肥的含量

类　型	评　价
生物腐植酸（BFA）发酵有机肥	这是先好氧后厌氧发酵，不必翻堆，发酵周期比好氧翻堆法短2/3，工业生产中占用场地面积也就节省许多。这种发酵工艺不但节省成本，而且肥料的生产，向空气中排放二氧化碳量也减少2/3左右，这少排出的碳被微生物吸收而促进了物料中微生物的繁殖，或在高温的料堆中与微生物的代谢物质结合转化为含碳有机酸，主要是黄腐酸，因此大大提高了有机肥中碳肥的比重，也就使该肥种表现出更突出的碳肥肥力

长期以来，一般都认为好氧发酵（结合多次翻堆）是经典的有机肥制造工艺。这种工艺对有机肥料的转化方式是：

$$大分子有机质 \xrightarrow[微生物分解]{高温} 小分子有机质 \xrightarrow[氧化]{高温} 矿质化（腐殖化）有机质$$

这种工艺除了逸出大量二氧化碳从而降低碳素含量外，剩下的有机质转化为难溶于水的腐殖质。显然，这种产物是优良的土壤改良剂，却不是优良的碳肥。

生物腐植酸发酵法有一个高温发酵的阶段（一般在 3d 之内保持 60～73℃），保证有机物料在强大的菌群作用下受到充分腐解，并经兼性菌和厌氧菌的相继分解，使大分子有机物转化成小分子有机质，其中大部分是水可溶有机酸（主要是黄腐酸），到此终止发酵过程，最大限度保留了碳元素，这是一种优良的水可溶物含量很高的碳肥。

以上仅为理论上的推测和对比，实际生产中两种发酵产物的区别也是明显的。好氧多次翻堆发酵工艺生产的有机肥，气味清新如菜地壤土，而 BFA 好氧——厌氧不翻堆发酵工艺生产的有机肥气味是酸香或腐香味。用手插入发酵料堆后洗手，前者皮肤洁净如初，基本无残留气味，后者皮肤变淡黄色，腻滑感明显，残留酸香味。将两者的干物料混溶于水，前者沉淀物多，后者沉淀物较少。静置多日后观察：前者静置液颜色较浅，后者静置液颜色浓、碳肥所特有的腐香味较重。用于作物肥效试验，后者的活根、防抗病害功能都明显优于前者，最终增产效果也更佳。

第二节　生物腐植酸有机肥的制造工艺

本书为了表述简便，把用 BFA 粉剂发酵制作的有机肥称为"BFA 有机肥"，把用这种有机肥与化肥混配制作的复混肥称为"BFA 有机无机复混肥"。

BFA 粉剂发酵有机肥料，升温快，最高温度达 $65\sim75℃$，免翻堆，$7\sim8d$ 即完成发酵过程，所得有机肥料气味佳、腐熟充分，内含物中的水溶性有机质和黄腐酸含量高。如果后续的干燥过程避免高温，则产品内含物中还含有千万级的功能菌，可达到生物有机肥的标准。所以经生物腐植酸技术制造的有机肥，是高规格的优质有机肥。

BFA 粉剂拌入发酵料后，由于黄腐酸是水溶物，其所含的碳立即被微生物吸收并使之快速繁殖，这是物料升温快的原因。在发酵初期，物料中饱含氧气，BFA 中的好氧菌大量繁殖，使物料迅速达到高温，当物料中氧气消耗几尽时，BFA 中的兼性菌继续起作用，当氧气消耗殆尽后，BFA 中的厌氧菌开始工作，发酵腐解和产酸的过程继续进行。在短短 $7\sim8d$ 中，不必翻堆，充分完成了物料的分解和腐熟过程。这种高效发酵功能来源于

BFA 粉剂中独特的有效成分：活体微生物和黄腐酸共存，好氧菌、兼性菌和厌氧菌共存（图 2-1）。

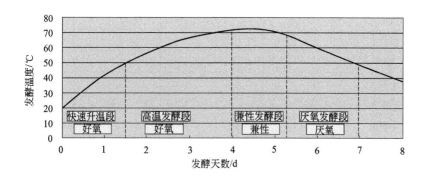

图 2-1 BFA 有机肥发酵过程

以上原理和优势使 BFA 有机肥的生产工艺变得简单、使用设备少、场地面积小，节能，清洁生产，从而使有机肥生产成本较低。

同其他发酵技术一样，BFA 有机肥的发酵也必须具备一些必要的条件，其中以下几点应特别重视。

1. 物料的配置

物料配置要因地制宜，主料以当地大宗有机废弃物为宜，这将对生产成本带来关键性的影响。其他配料的选用应考虑几方面的作用：营养成分的补充、碳氮比的调节、酸碱性的调节、减水（有些主料含水率太高）、物料混合后的含氧功能（即蓬松度）等，同时还要顾及减少后续工序加工的难度。

表 2-2 是常见各种物料，适合组合的用"√"表示，或可组合用"メ"表示。

表 2-2　发酵物料配置组合

主料＼配料	鲜猪粪	鲜鸡粪	鸡粪干	鲜牛粪	糖厂滤泥	干木薯渣	菌渣	泥炭	磷矿粉	锯末、秸秆粉	烟丝末	桐油枯
鲜猪粪						√	√		√	✗	✗	
鲜鸡粪						√		√	√		√	
干鸡粪				√	√	√	√		✗			
鲜牛粪				√							✗	✗
糖厂滤泥				√			√			√	√	√
干木薯渣	√	√		√			√				√	
食用菌渣	√			√					✗	✗	√	
草本泥炭	√	√										
烟丝末	√				√				✗	✗	√	
水处理污泥						√	√			√		
沼渣						√	√	√		√	√	
垃圾	√	√	✗				√				✗	

注：（1）表中未列入氮、磷、钾等化肥。在所有的配置中，都应加入1%～2%尿素，3%～5%过磷酸钙（酸性物料应改为钙镁磷肥），1.5%～2%氯化钾；（2）使用磷矿粉时不必用磷肥。

2. 碳氮比调节

碳元素和氮元素都是发酵微生物的营养源，同时也是形成有机肥肥效的重要成分，合理的碳氮比（C/N）将使发酵过程顺利、堆温较高、发酵气味良好、产品肥效高。碳氮比不合理，不但影响发酵效果，同时还有如下弊端：如果碳氮比偏高，将使肥料中的微生物在土壤中与植物争氮，使植物得不到足够的氮肥而减产；碳氮比偏低，则造成发酵过程中氨气逸出，污染环境。

合适的碳氮比是（20～30）∶1。碳氮比的计算或测算方法是：将所有的物料的含碳量含氮量分别计算出来，然后按加入总物料的量所占比例计算，算出总物料的碳氮比。如果有化验条件，则可取混合后物料的样品直接检测含氮率和有机质比率，再将有机质比率除以 1.724 就是含碳率，含碳率除以含氮率就是该物料碳氮比。

常用堆肥各种原料的碳氮比参考值如下：

锯木屑	$300 \sim 1000$
秸秆	$70 \sim 100$
垃圾	$50 \sim 80$
人粪	$6 \sim 10$
牛粪	$9 \sim 16$
猪粪	$7 \sim 12$
鸡粪	$5 \sim 10$
下水污泥	$8 \sim 10$
糖厂滤泥	$15 \sim 20$
菌棒渣	$40 \sim 50$
草本泥炭	$100 \sim 150$

3. pH 值的调节

用 BFA 粉剂发酵有机肥对 pH 值适应范围略宽于其他常用发酵剂，一般可掌握 pH 值为 5～8.5。生产中应首先测出主料的 pH 值，再用合适的配料去调节，使之达到上述范围。

例如某有机肥厂用造纸的纸浆废渣做主料，该原料 pH 值9～9.3，碳氮比接近秸秆，宜选用鲜猪粪做配料。鲜猪粪 pH 值5～5.2，且碳氮比低于 15，不但可降低 pH 值，还可调节碳氮比。

常用主料 pH 值都偏低，可添加钙镁磷肥（碱性肥），既做磷肥，又可调高 pH 值。也可用 2% 熟石灰粉提高 pH 值，但应注意先混合石灰，后混合 BFA 粉，以避免石灰粉对菌种的直接杀伤。

4. 含水率的调节

发酵物料的含水率是有机肥发酵和后续加工中一个重要参数，不但直接影响发酵效果，还影响产品生产工艺和加工设备的选择，并最后表现为产品的肥效和生产成本。含水率的调节应分两阶段，第一阶段是发酵前，使物料总含水率控制在 50%～55%，这是最适合发酵的含水率。第二阶段是发酵后的减水阶段，尽量使后发酵物料的含水率达到 25%～30%，以便进入冷造料和无高温干燥。

生物腐植酸肥料高肥效的重要条件是无高温加工，这是生物腐植酸肥料生产的原则。利用生物能和自然条件干燥，避免高温干燥，就保留了发酵料带来的大量功能菌，保住了黄腐酸的活性。

这里还应提出如何降低水分的问题。要使物料发酵前的水分减到 50%～55%，可采用多种方法，其中一种方法是原料的预烘干，但这既耗能又杀伤物料中的微生物，影响经济效益。另外，就是使用超强脱水机械来脱水，这方法也不能提倡，因为超强脱水的结果是把物料中溶于水的物质大部分排掉了，这将使物料丧失大部分营养性内含物，而这些排出的液体又是对环境的污染源。

有机肥生产过程的减水应依靠以下两种途径。

（1）用含水率低的配料减水，例如表 2-2 中用干木薯渣和磷矿粉去吸鲜猪粪的水。

（2）用部分干物料回流去减水。在大生产中，把 25%～30% 的半干有机肥粉回流到混料工序，使总物料含水率达到 55% 以下。

5. 料堆含氧量的控制

物料必须有足够的含氧量，才能顺利完成好氧发酵阶段，并保证此阶段物料升温到 60～70℃。影响含氧量的因素是水分、物料配置和建堆高度。

水分越重，含氧量越低；物料越密实，含氧量越低；建堆高度太高，中下层过早进入缺氧状态。BFA 发酵要求建堆 1～1.2m 高，长宽不限，不必配置通风设施。

6. 保温保湿

在孤立建堆时，应采取适当保温保湿措施，以防止寒冷季节堆温大量丧失而使发酵终止，还可防止表层过快干燥失去发酵条件。最理想的保温保湿措施是覆盖半透气性保温物料。一般可用因地制宜的土办法，如盖草簾加农膜，或用透气编织袋装秸秆粉拍扁后覆盖等。

在规模生产中，基本上不需采取保温保湿措施。因为在规模连续生产中，发酵料是一天接一天堆着，只有顶层少量暴露在空气中，料堆之间互相暖着，发酵堆能散热和散发水分的面积很少，不必要考虑保温保湿问题。北方地区四周无围墙厂房，在气温 15℃ 以下，就应考虑临时在堆表面用塑料彩条布遮挡寒气的侵袭。

7. 干燥和造粒

在本节中提到的减水措施，是指发酵前水分过大而对原材料的减水，而这里讲的干燥是指发酵后至包装阶段的产品水分达标工艺。

生物腐植酸有机肥和有机无机复混肥应该摒弃圆盘造粒和滚筒造粒这些传统的高湿造粒技术。高湿造粒的颗粒含水率在50％左右，水分藏于颗粒之内，与热介质接触条件差，非高温不能烘干，不但耗能严重、肥效下降，而且车间内文明生产条件很糟。有机肥颗粒干燥是与造粒工艺关联紧密。

根据多年经验，有机肥合理的干燥和造粒工艺可以在没有热加工或主要利用生物能和自然条件（日晒、通风）的情况下实现物料的水分递减，并达到质量要求，见图2-2所示。

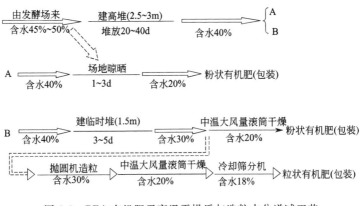

图 2-2　BFA 有机肥无高温干燥后与造粒水分递减工艺

要实现上述过程的干燥，车间面积应足够大，最好是一个敞开的特大棚，空气流通，机械周转方便，在旱季，大晒场干燥是最合理的工艺方法。

其实有机肥和有机无机复混肥造粒是源于化学肥料的生产工艺。各种化肥形成的原型态都是粉状或微细晶粒状。而化肥又都是水溶性的，为了使化肥施用后不会快速溶化，也即为适度缓释，化肥就都采用了造粒工艺。在有机肥和有机无机复混肥产业化后，人们也就盲目地使用了化肥的造粒工艺，甚至套用了化肥的高湿造粒，高温烘干、多级冷却的工艺设备。久而久之，农资市场上未经造粒的有机肥和有机无机复混肥就被看作"低档品"，卖不上好价钱，这就使生产商不顾一切地走造粒路线。有机肥不造粒比造粒肥效更高，而生产成本每吨低100元左右。有机无机复混肥的化肥原料已经造了粒，只要与粉状有机肥混合就可以了，可是厂家却要把颗粒化肥粉碎掉，与粉状有机肥混合后再造粒，再烘干，造成工艺重复，成本上升。

第三节　生物腐植酸有机肥
工艺流程和设备选用

我国有机肥厂的模式非常多，大体可以分为三类：一类是简陋的小厂，厂房不规范，场地也有限，难以摆开合理的生产线；第二类是场地宽敞，但自动化程度低，大型设备少；第三类是类似化肥生产的大型自动化生产线，尤其是安装了成套造粒烘干设备。本书按BFA有机肥合理生产工艺流程来设计，各类厂如应用BFA技术生产有机肥，可根据本设计的原理及自身现有条件进行适应性改造，建议摒弃化肥生产的高湿造粒和高温烘干的设备。

如图2-3所示是BFA有机肥生产工艺流程。可以看出：

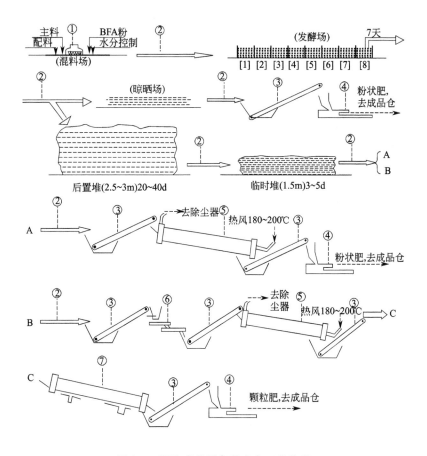

图 2-3　BFA 有机肥各种生产工艺流程

①—轮式翻堆机；②—铲斗车；③—皮带输送机；④—自动称量缝袋机；

⑤—滚筒抄板干燥机；⑥—二级抛圆机；⑦—滚筒筛分冷却机

BFA 有机肥料生产线没有了大型造粒和高温烘干系统，没有了热加工。以相同产能计：这种工艺流程的设备投资是传统化肥造粒烘干式生产线的 1/3 左右，能耗降低 70% 以上，车间的噪音和粉尘更是极大地减低。而且肥料产品生物活性高、肥效增强，是名副其实的绿色环保肥料。

需要说明的是，在需要向发酵堆覆盖保温层时，应建发酵槽，槽间建 1.3m 高矮墙以便人员走动。华南地区可不建槽（不建矮墙），当天物料紧挨前日料堆即可。

第四节　生物腐植酸有机肥质量判定和原料选用

国家关于有机肥的现行标准是 NY525-2002，该标准的主要指标是：

有机质含量（以干基计）≥30％；

总养分（N＋P_2O_5＋K_2O）含量（以干基计）≥4％；

水分（游离水）含量≤20％；

pH5.5～8.0。

我们应该把这个标准理解为"必要条件"。没有公认的方便检测的指标，一个肥料品种就会完全无章可循，最终造成使用者无所适从和市场混乱。但是有机肥与化肥在质量鉴别方法上实际是存在重大差异性的。化学肥料用化学检测方法，几个元素（或其氧化物）达到指标，这个肥料自然是有相应的肥效。有机肥不同，一种物料发酵前的有机质含量与发酵后的有机质含量，用同样条件的检测方法测定，前者高于后者。这就是说，以有机质含量来界定有机肥产品的质量，是必要的，但是还不够。有一些厂家就是利用有机肥标准方面存在的缺漏钻空子，他们把风化煤或者泥炭粉碎后（或造粒），加少量化肥，就充当有机肥出售，不但坑害了用户，还使有机肥的名声扫地，令质量好的有机肥推广起来举步维艰。表 2-3 和图 2-4 中，这种所谓"有机肥"水溶有机质几乎是没有。

表 2-3 泥炭风化煤"有机肥"与发酵泥炭土对比试验结果

	泥炭土	发酵泥炭有机肥	风化煤有机肥
含水量/%	22	25	22.5
有机质含量(干基)/%	35	33	58
水溶有机质含量/%	2.25	19.75	7.25

图 2-4 泥炭或风化煤"有机肥"与 BFA 发酵泥炭水浸提过滤对比

我们认为有机肥的质量标准，在保留有机质含量指标的同时，还应补充一个衡量有机质发酵效果的指标，该指标可称之为"发酵系数"。

"发酵系数"（S）是物料发酵后水溶有机质含量（R_2%）与发酵前水溶有机质含（R_1%）的比例。

$$S = \frac{R_2\%}{R_1\%} = \frac{R_2}{R_1}$$

S 应大于 1，S 越大，发酵效果越好。可通过多种物料经多种发酵工艺，得出一系列 S 值，并经权威学术机构研讨确定一个合理值（例如 5），以 S 大于等于此值，作为界定有机肥合格的辅助指标。

表 2-3 所示泥炭发酵有机肥 $S=19.75\%/2.25\%=8.78$。

在生产过程中，有经验的厂长和工程师是从以下几方面判断发酵效果的。

（1）发酵最高温度和持续时间 不同菌种和不同物料，以及环境气温，都影响这一组数据，但是大体上都确定最高温度要在 $60\sim75℃$，并持续 3d 以上。

（2）气味 不该有酸臭或恶臭。周围没有成群蚊蝇。

（3）手感 物料呈松软疏散状而不应发粘或结块或扎手。物料建堆前"湿浸状态"消失，明显有"收水"，即手感干爽的状态。

以上是生产者生产中的过程鉴定，但这些理化性状无法体现到产品质量指标中。

BFA 有机肥生产过程中有机质出现重要质变：部分变成水溶态有机质，这包括产生黄腐酸（FA）。水溶态有机质的碳，就是作物可直接吸收的碳肥。人们往往忘记碳是植物所需六种元素之首，或许以为空气中的二氧化碳就足够了，其实这是一个误区。一些大棚蔬菜种植者向大棚里充进二氧化碳获得增产；亦有人用水溶性有机质配入定量矿物养分同等量纯矿物养分做肥效试验，前者作物的生物量是同期后者的 $150\%\sim210\%$，这就充分说明空气中的二氧化碳不一定能保证植物充足的碳肥。因此，水溶有机质含量的多少是决定有机肥料功效的重要因素。可以据此判断物料的发酵效果和肥效。水溶性有机质含率高，标志着发酵过程物料中所含的碳和组成有机质的其他含氮含硫固态物被微生物分解，或在分解过程被吸收，被吸收部分又在微生物繁殖过程中通过代谢活动进一步转化为水可溶小分子。这些水可溶物就是可以被植物直接吸收的碳肥、氮肥和硫肥。其中碳肥占大部分，氮肥可能以氨气的形式或氨基酸的形式出现。如果发酵长时间处于高温（70℃以上），并多次翻堆，相当一部分有机碳会被氧化成二氧化碳散发，氮也会转化为氨气大量逸出，从而使肥效下降。BFA 有机肥发酵期间不翻堆而能腐熟，有机碳和氮损失少，挥发性气体又被物料中的腐植酸吸附成为作物可以吸收利用的营养物质，这是 BFA 发酵有机肥比大部分好氧发酵多次翻堆制造的有机肥肥效高的根本原因。

为了保障有机肥达到另一个重要指标：氮（N）、五氧化二磷（P_2O_5）、氧化钾（K_2O）总含量大于 4％，有时必须在发酵物料中适量添加氮肥、磷肥和钾肥。化肥品种和用量的选择会影响有机肥的质量或者生产成本。

氮肥是微生物繁殖所需能源中氮元素的主要来源，物料有机质中含一定量的有机氮，但发酵初期不能被微生物利用，所以应选择易溶于水且容易转换成铵态氮但不易挥发的肥种，一般选用尿素。尿素取物料干物质总量的 1.5％～3％。以保证发酵过程中微生物能源的供给并使有机肥产品含有 2％左右的氮。

磷元素也是微生物必需的营养元素之一。磷肥的选用主要依据几个条件：①是物料混合后的酸碱性。物料偏酸性，使用碱性磷肥（钙镁磷肥），物料偏碱性，使用酸性磷肥（过磷酸钙）；②是有机肥产品对磷肥含量有无特殊要求；③是磷肥原料的成本和取得的方便程度。BFA 有机肥生产，可直接使用磷矿粉取代磷肥，次矿只要其磷含量大于 18％就行。磷矿粉成本很低，有利于降低生产成本。用 BFA 粉发酵有机肥，发酵过程中会产生 4％～6％黄腐酸（FA），磷矿粉在发酵过程中受黄腐酸的作用，不断转化成能被作物吸收的有效磷，而且这个作用过程在施入土壤后还在继续。这是一种极为节能环保的磷肥生产方法。磷矿粉还有另一种用途：作为减水剂和造粒粘合剂。因此，建议凡是能廉价取得磷矿粉，就用其取代磷肥参与发酵。一般发酵时磷肥的添加量是 3％～5％，磷矿粉可以加至 10％左右。

钾肥参与发酵，对某些类型的微生物（例如酵母）也起着提供营养的作用，同时也是保证有机肥有足够含钾量的措施，一般使用氯化钾或硫酸钾，用量占物料总量的 2％～3％。

在主料是秸秆或纸浆渣时，应添加桐油枯、菜籽饼或鸡粪之类的物料，以增加总物料中有机氮的含量，使肥效提高。

废烟丝末含钾量达到 5％～8％，且含丰富的生物烟碱，用其作为有机肥发酵配料，可以不必加钾肥，而且对大部分地下害虫有驱避和抑制作用。所以凡是有条件取得废烟丝末的，都尽可能将其用于发酵 BFA 有机肥。

第五节　生物腐植酸有机肥的几种典型配方

有机肥生产的诸多要素中，成本是一大要素。这不但影响企业的利润，也影响产品的扩散半径：成本越高，售价就越高，扩散半径就越短，也即市场就越窄小。而影响成本的重要因素除了生产工艺的选择外，就是原材料尤其是主料（占总物料 40％以上的那种原料）。从这个意义上说，大量廉价的有机废弃物是肥料厂发展前景的重要保证。

本节介绍的几种典型配方，都基于某种主料而设计。

配方一：

糖厂滤泥（含水 70%）	60%
草本泥炭（含水 30%）	13%
废烟丝末（含水 20%）	10%
鸡粪干（含水 15%）	10%
尿素	2.5%
钙镁磷肥	4%
BFA 粉	0.5%

配方二：

糖厂滤泥（含水 70%）	43%
糖蜜酒精（酵母）废液浓缩液（含水 50%）	30%
细木屑（含水 15%）	8.5%
鸡粪干（含水 15%）	10%
尿素	2%
氯化钾	1.5%
钙镁磷肥	4.5%
BFA 粉	0.5%

说明：如果肥料须造粒，就不要添加细木屑，因为细木屑不利于造粒。

本配方对糖业集团具有极高价值，它可以同时解决该产业两种主要废料：滤泥和糖蜜（深加工）废液浓缩液，使其产业达到零排放并形成较高的肥料产业产值。

配方三：

鲜猪粪（含水 75%）	55%
食用菌渣（晒干打碎，含水 15%）	20%
磷矿粉（含水 20%）	20%
尿素	2%
氯化钾	2.5%
BFA 粉	0.5%

配方四：

鲜鸡粪（含水 70%）	60%
草本泥炭粉（含水 30%）	20%
废烟丝末（含水 20%）	11%
尿素	2%
过磷酸钙	5%
氯化钾	1.5%
BFA 粉	0.5%

配方五：

污水处理厂污泥（或湿木薯渣）（含水 85%）	50%
鸡粪干（含水 15%）	30%
秸秆粉	13.5%
尿素	1.5%
过磷酸钙	3%
氯化钾	1.5%
BFA 粉	0.5%

配方六：

干木薯渣（含水 30%）	45%

鲜 鸡 粪（含水 70%）	47%
尿素	2%
过磷酸钙	4%
氯化钾	1.5%
BFA 粉	0.5%

配方七：

纸厂纸浆渣（含水 60%）	40%
鲜猪粪（含水 75%）	30%
桐枯或菜籽饼（或烟丝末）（含水 20%）	10%
磷矿粉（含水 20%）	16%
尿素	2%
氯化钾	1.5%
BFA 粉	0.5%

配方八：

鲜羊粪（或兔粪）（含水 65%）	65%
草本泥炭（或磷矿粉）（含水 30%）	26%
尿素	2%
过磷酸钙	5%
氯化钾	1.5%
BFA 粉	0.5%

配方九：

鲜牛粪（含水 70%）	60%
鸡粪干（含水 15%）	20%
磷矿粉（含水 20%）	16%
尿素	1.5%

氯化钾	2%
BFA 粉	0.5%

配方十:

食用菌渣（含水 40%）	50%
鲜猪粪（或鲜鸡粪）（含水 75%）	35%
磷矿粉（含水 20%）	10%
尿素	2.5%
氯化钾	2%
BFA 粉	0.5%

以上十种配方是选择性建议配方。各地原材料种类和来源多种多样，应尽量因地制宜选用当地原材料。例如有些地区有中药厂、食品添加剂厂、食品加工厂，都有许多可利用的有机废弃物，尽可以拿来用。在配料时注意使混合料符合第一节所提到的配方要点。同时还应注意以下几个问题。

（1）物料中属于肥料禁忌的有害物质不能超标；

（2）物料中不存在强力杀伤活体微生物的物质；

（3）物料中不利于肥料加工的杂物不能过多，例如塑料、玻璃、金属、建筑废料等；

（4）物料中不能夹带类似医院废弃物等可能传染病害的杂物。

第六节 生物腐植酸有机肥及有机食品用肥

国家现行有机肥料和有机无机复混肥料中关于三大营养元素标准的提法分别是：

$N+P_2O_5+K_2O \geqslant 4\%$（有机肥）；

$N+P_2O_5+K_2O \geqslant 15\%$（有机无机复混肥）。

这就给有机肥中氮、磷、钾三大营养元素的含量以一个很大的调配空间，即（$N+P_2O_5+K_2O$）大于 4% 且小于 15% 都属于有机肥的指标范围。

腐植酸对肥料有保氮、活磷、促钾的功效，即提高化肥肥效。BFA 有机肥含有丰富的水溶腐植酸，提高化肥肥效的作用更是显著。大量实践证明：将 BFA 有机肥料与氮磷钾化肥混合，可以使化肥肥效提高 40%~60%，也即含（$N+P_2O_5+K_2O$）= 14% 的有机肥，其直接增产能力相当于相同氮磷钾比例（$N+P_2O_5+K_2O$）= 20% 的化肥。这就是说在大多数施肥中，可以用含（$N+P_2O_5+K_2O$）接近 15% 的营养含量有机肥取代化肥，这就解决了纯化肥肥效低、流失（固定）严重和土壤板结的问题。

对高营养含量的 BFA 有机肥，在产品标准或说明中应清楚标明 N、P_2O_5 和 K_2O 的含量，并在说明中提示该产品肥效相当于三大营养元素含量百分之几的化肥，以利用户掌握用量。

高营养优质有机肥取代纯化肥，是许多肥料界人士的奋斗目标。BFA 有机肥生产技术的出现，让我们离这个目标更近了。

长期以来制约有机食品作物生产的主要问题是肥料。有机食品要求施有机肥，这就把最能促进作物高产的化肥排除掉。再加上有机肥生产不规范，质量指标不能客观反映肥料质量，很难找一种既能符合"有机肥"要求，又能促进高产的有机肥，所以有机食品作物产量不高，种植者只能超高价出售产品，这反过来又制约了消费群体的扩大。BFA 有机肥利用大量富含有机氮、有机钾的废弃物料做原料，又可以用磷矿粉代替磷肥，其产品中的营养含量利用率比纯化肥高 $40\% \sim 60\%$，完全可以使作物达到高产，这就既解决了作物肥料的"有机"性质、又解决了作物的高产（也即低成本）。这对我国有机食品的生产将产生巨大的影响。

第七节　生物腐植酸有机肥生产线设计案例

本节选一个案例，一个年产 2 万吨 BFA 有机肥的车间，展示主要计算过程，包括占地面积、设备选用和布置、人工组织、用电、仓库配置、化验检测等一切直接与生产有关的内容。

案例：年产 2 万吨 BFA 有机肥料生产线（按每年 300d，按每天两班倒设计）。

1. 物料

年产 2 万吨（含水 20%）——→日产 67t（按 70t 计）

70t/d——→112t 物料（含水 50%）

2. 生产场地设计

（1）混料场面积（每天一班工作）

112t/d——→112t/4 次——→28t/次 $\xrightarrow{\text{相对密度} 0.75}$ 37m³/次 $\xrightarrow{\text{厚} 0.6m}$ 62m²

混料场占地 62m²；

辅助面积：①配料临时堆区 40m²；②车辆周转场地 60m²；

混料区面积合计：162m²。

（2）发酵场面积

每日建一堆 112t（150m³），堆高 1.1m，占地面积 136m²；

实际使用应建 7 堆，一堆位做周转，总建堆位 $136m^2 \times 8 = 1088m^2$；

机器周转及通道加 30%；发酵区面积合计：$1088m^2 \times 1.3 = 1414m^2$。

（3）后发酵堆区面积

后发酵堆区考虑 45d 发酵料堆放，高 $3m^2$。

总体积：$150m^3 \times 45 = 6750m^3$；

占地：$6750m^3 \div 3m = 2250m^2$；

机器周转及通道加 25%，后发酵堆区面积合计：$2250m^2 \times 1.25 = 2812m^2$。

（4）过渡区面积

过渡区考虑 4d 发酵料堆放，高 1.5m；

总体积：$150m^3 \times 4 = 600m^3$；

占地：$600m^3 \div 1.5m = 400m^2$；

机器周转及通道加 25%，过渡区面积合计：$400m^2 \times 1.25 = 500m^2$

（5）混料——造粒——低温烘干——冷却筛分——包装线（二班）

面积 $96 \times 5 = 450m^2$，通道及临时堆放区加 40%；

造粒生产线面积合计：$450m^2 \times 1.4 = 630m^2$；

生产场地面积合计：$(142 + 1414 + 2812 + 468 + 630)m^2 = 5466m^2$；

实际按 $6000m^2$ 建造，以统一屋顶的大棚为好。

以上是正式生产场地，不包括大量主料堆放场。

3. 仓库面积

（1）主要配料面积计算

每天所需配料（占日产量的 40％）：70t×0.4＝28t；

库存量按 30d 计，库存配料 28t×30＝840t；

需配料库 1000m² （包括包装物仓库）。

（2）成品库面积计算

按库存 60d 产品计，库存量 70t×60＝4200t；

需成品库 4500m²，仓库面积合计 5500m²。

4. 生产线设计

有机肥生产线没有统一的生产线模式和设备明细表。即由于物料不同（理化性质差异）、场地条件不同、厂家投资限额或自动化程度不同以及产品目标不同，生产设备就不一样，生产线布置方式也不一样。

例如：以秸秆为主料，就必须在生产线前端安排秸秆预处理，将其打碎成粗粉状。而以猪粪、滤泥为主料就不必预处理。

再如：生产产品以有机肥料为目标和以生物有机肥为目标，两者含水率的标准不同，前者含水率≤20％，后者含水率≤30％，干燥工艺和机械的选择就大不相同。

同样是生产生物有机肥，产能水平差异很大，干燥方式也会大不相同。日产十几吨，可能在大棚下晾 1 天就达到水分要求，不必通过低温烘干机。

本案例以生产有机肥为目标（水分含量≤20％），以自动化程度高为要求，设计生产工艺流程，见图 2-5。

本案例选择自动化生产、低温烘干，设备明细见表 2-4（表

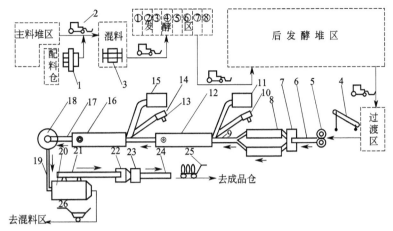

图 2-5　日产（2 班）70 吨 BFA 有机肥自动化生产线平面布置示意图

中的序号对应图 2-5 所标记序号）。

表 2-4　日产 70t（两班）BFA 有机肥料生产设备明细表

序号	设备名称	台数	产能或规格	装机用电/kW	参考价格/万元	备注
1	自动称重装置	1	5t/h		10	
2	铲斗车	2	5t		8	
3	轮式翻堆机	1	2.6m		4	
4	移动式输送带	1	6m×0.5		1	
5	立式混料机	2	Φ1500	22	5	
6	输送带	7	0.5m 宽		5.6	9、13、17、19、21、24 同
7	分料斗	1			0.4	
8	分段功能造粒机	2	3t/h	22	24	不造粒无此机
10	大风量射流风机	2		30	2.4	14 同
11	燃煤炉	2		14	2	15 同
12	低温烘干机	2		52	50	16 同
18	逆流冷却机	1		11	3	
20	滚筒筛分机	1	1.5×3	7	4	
22	集料斗	1			0.3	
23	自动称重封袋机	1		3.5	7	
25	电瓶车	2			3	
26	手推斗车	4			0.2	
	合　计	33		161.5	130.1	

BFA 有机肥在生产中选用合适物料调配好碳氮比并采用低温烘干或自然风干，其活体有效菌可达到 2×10^7 个/g。

国家现行生物有机肥的标准是 NY884-2004，该标准规定的主要技术指标是：

① 有效活菌数≥2×10^7 个/g；

② 有机质（干基)≥25%；

③ 氮磷钾含量由企业自定；

④ 水分≤30%。

可见 BFA 技术可以生产出生物有机肥。

对于日产量十几吨以下的小厂和生产生物有机肥项目，建议放弃滚筒造粒和滚筒烘干的工艺，而改用抛圆机造粒，抛圆机造粒水分可以控制在 25%～30% 以下，经冷却机消除造粒中产生的水汽和热度，再经筛分机筛选出成品后，就能达到水分小于 20%，可进入包装程序。这种工艺在北方和夏末秋冬的南方都是可行的。如图 2-6 所示设计，生产线设备投资减少 60% 左右。

制造生物有机肥对氮磷钾含量的控制应注意，在造粒肥料中，水分含量较大，若化肥浓度高，微生物存活的几率下降。如果要使 $(N+P_2O_5+K_2O)$ 达到 8% 以上，最好使用粉剂型，尽量减少活体微生物与化肥的紧密接触。

5. 投资估算（按造粒——烘干工艺）

（1）设备

工艺设备 130 万元；

水电配套和其他机器 25 万元；

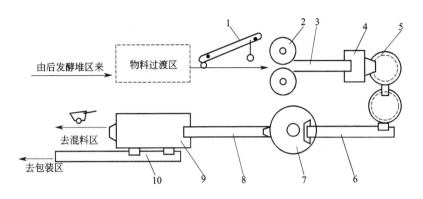

图 2-6 无烘干设备的抛圆机-冷却机造粒生产线

1—移动输送带；2—立式混料机；3,6,8,10—输送带；

4—贮料斗；5—抛圆机；7—冷却机；9—滚动筛

最低限度运输车辆 4 台共 40 万元；

化验室设施 40 万元；

小计：235 万元。

（2）厂房

6000m² × 300 元/m² = 180 万元

（3）仓库

5500m² × 350 元/m² = 193 万元

（4）管理、行政房及化验室

300m² × 800 元/m² = 24 万元

（5）道路硬化及围墙大门等投资

道路硬化 600m × 9m = 5400m² × 50 元/m² = 27 万元

围墙面积 600m × 2.5m = 1500m² × 100 元/m² = 15 万元

大门及附属设施 10 万元

本项合计 52 万元。

投资于固定投资总计：684 万元。

6. 用地面积（最低限度）估算

建筑面积：$6000m^2+5500m^2+300m^2=11800m^2$；

主料堆场面积（按 150d 主料）：$150m^3/d×0.6×150d=13500m^3$ ——▶占地 $7000m^2$；

道路面积占总面积 20%，则占地面积为 $(11800+7000)/0.8=23500m^2$，确定本方案（年产 BFA 有机肥 2 万吨）最少用地 $23500m^2$，即 35 亩。

7. 正式投产后利润预测

由于不同地域有机肥料厂的原材料的品种和来源之差异甚大，因此吨产品生产成本差异也很大，故在此对本方案利润作精确计算是没有意义的。但凭经验 BFA 有机肥由于使用效果好，其价值一般可比普通市售有机肥高 100～200 元，但使用同样原材料每吨产品生产成本却可以低 50～100 元，这就可以确定 BFA 有机肥每吨利润在 300～400 元之间。也就是说在产销通畅的前提下，年产 2 万吨 BFA 有机肥的年利润为 600～800 万元。

如果按生物有机肥标准生产销售，年利润将达到 1000 万元。

第八节　生物腐植酸有机肥和生物有机肥的质量管理

1. 建立质量管理体系

BFA 有机肥和生物有机肥质量管理流程如图 2-7 所示。

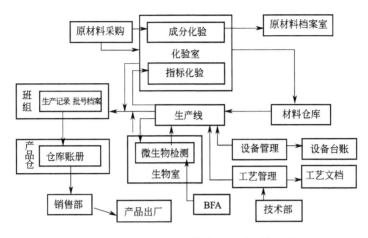

图 2-7 BFA 有机肥和生物有机肥质量管理流程

生产生物有机肥的企业，务必建立生物实验室。只生产有机肥的企业，建立化验室就可以了，发酵剂（BFA）的质量由供应商负责。

2. 人员培训

BFA 有机肥（生物有机肥）生产中关键岗位主要是：化验员、微生物培养和检测技术员、生产班长、配料员、机器维修管理员，对这些岗位人员除了专业培训外，还应对不同岗位人员加强如下培训和监管。

（1）化验员 必须熟练掌握肥料中氮、速效磷、枸溶磷、全磷、氧化钾的检测方法、计算方法，以及有机质、总腐植酸、黄腐酸的检测计算方法。学会使用和检定维护各种化学检测仪器设施。

（2）微生物培养和检测技术员 必须熟练掌握微生物的培养、接种、筛分、扩培、检测、计算、切气、镜检等操作技术，学会正确使用微生物检测和培养的各种仪器和设施。

（3）生产班长 除了对全班人员管理外，还应掌握几项本领：了解本班生产流程中各"节点"的技术参数（指标），以及影响这些数据的原因，能正确做生产记录，会组织本班下工序对上工序的过程质检，会操作本班所用各种机械设备并协助维修，会抓安全生产。

（4）配料员 应具备基本的化学知识，会正确进行发酵物料配比，会判断物料发酵是否正常，会做记录和分析。

（5）机器维修管理员 应具备基本的机械识图能力和简单电路图识图能力，会画简单机械图和电力图，会钳工、电焊工、钣金工等基本操作，会编制设备台账，会在本厂机械维修和改造中起主导作用。

3. 建立有效的研发——生产——市场营销的质量监控反馈体系

该体系的功能：①了解肥料产品的质量状况，在出现个别质量事故时能及时发现，制止问题产品扩散，查找出问题的原因和责任。②及时制定防止类似质量事故的措施。③了解市场信息和动向，为企业新产品的开发提供意见或方案。④为企业肥料产品创名牌提供第一手资料。

该体系的运作方式：由总经理（厂长）或 1 名副总（副厂长）长期负责组织落实，采购部门、技术部门、检验部门、生产车间和销售部门主要负责人参加，形成定期和不定期办公会议机制，每次会议必须有明确主题、有会议记录、有任务安排。下一次会议第一项议程必定是汇报上次会议下达任务的完成情况，如此长期抓下去。

4. 制定产品质量问题追究和处罚制度、奖励长期的踏实抓好质量的单位和个人

第九节　生物腐植酸有机肥的使用方法

1. BFA 有机肥料的功能优势

其可概括为以下几点

（1）对化肥保氮、活磷、促钾（增效）作用；

（2）对作物的供 C（碳肥）作用；

（3）对土壤的改良作用；

（4）对有益微生物的优势提升作用；

（5）对病害的抑制作用；

（6）对农产品的增产优质作用；

（7）对环境的保护和优化作用。

2. BFA 有机肥料的类型

（1）（N＋P_2O_5＋K_2O）＝4％～8％的低营养含量品种；

（2）（N＋P_2O_5＋K_2O）＝8％～14％的中营养含量品种；

（3）功能菌≥2×10^7 个/克的生物有机肥。

围绕以上七项功能和三类品种，可以组装出许许多多使用目标和方法。

$$作基肥\begin{cases}低营养含量\cdots每亩200\sim300kg\\中营养含量\cdots每亩100\sim150kg\\生物有机肥\cdots每亩150\sim200kg\end{cases}穴施或沟施$$

作追肥——中营养含量…每亩50～75kg

与化肥混用——低营养含量…与化肥混施，量为化肥的 2 倍

上述是简单表达，实际使用中可灵活发挥，例如 BFA 有机肥还可以有以下使用方法。

（1）提前法 在移苗前 5～7d 就使用 BFA 有机肥（生物有机肥）作基肥，预防作物青枯病、枯萎病十分有效。

（2）防虫法 在 BFA 有机肥物料中加入 10％～15％废烟丝末一起发酵，作有机肥，对大部分地下害虫有驱避作用。

（3）泡水法 在作物（豆类、瓜类）垄沟蓄水，将 BFA 有机肥和化肥按 2∶1（质量比）倒入水中，人工进行踩滚使之溶化，肥效极高，作物根系发达、高产、不早衰。

现在对有机食品的界定有一条指标：不使用化肥。对这种规定是否科学合理不予置评。但是如果使用 BFA 有机肥（包括中等营养含量品种），能使农产品质量和口感完全达到同类优质有机食品的水准，同时可以使该有机食品的农作物单位产量明显提高，这就可以提高农民生产有机农产品的积极性，从而使优质有机农产品成为更广大民众可以经常享用的食物。

第十节 规范和发展有机肥产业的重大意义

有机肥生产是伴随着人类农耕活动的开展而出现的，所以有机肥生产技术是人类最古老的生产技术之一。但是为什么在我国进入工业化时代，有机肥生产却式微了？原因有以下几层。

首先是由于化学肥料的冲击。其次是由于人们对有机肥重要性认识不足，尤其是 20 世纪 70 年代到 90 年代将近 30 年期间，

从政府层面到科研技术层面都没有强力的推动措施。第三层原因是缺乏先进适用低成本的有机肥生产工艺规范。20 世纪 90 年代末，社会各界，从政府到民间，从技术人员到种植人员各阶层，都注意到有机肥的不可替代性，但是没有切实而科学规范的有机肥技术标准和生产模式，因而使有机肥生产出现几种问题，一是劣质有机肥（有机质含量检测没有问题）充斥市场，坑害了农民，也损害了有机肥的声誉；二是沿用了化肥生产的设备和工艺，有机肥生产成本高，肥效却不高，使有机肥成了农资市场无人问津的货，生产有机肥无利可图；三是早期作为有机肥原料来源的农家肥没有了，而大宗的工农业有机废弃物还没有在肥料产业得到科学合理的利用，规模有机肥生产厂数量太少，小打小闹的厂不会走规范生产之路。

随着包括 BFA 技术在内的有机肥料生产先进技术的逐渐普及，将使我国有机肥产业出现如下重大变化。

（1）生产技术和工艺趋于合理和适用，有机肥生产成本大大降低，并使有机肥产品质量稳定于一个更高的水平。在这里，有两处工艺是至关重要的：短时间发酵腐熟工艺和低水分造粒低温干燥工艺。短时间发酵腐熟，既节省场地，也节省生产成本，还减少碳排放和提高水溶有机质含量；低水分造粒和低温干燥既进一步节省生产成本，还使有机肥保有高的生物活性，达到有机肥生产技术的更高水平。当然，如果行政管理和农资市场合力推动免造粒（粉状）有机肥，这将更进一步推动有机肥产业的发展。

（2）大量工农业有机废弃物被作为有机肥原材料而回收利用，不但净化了环境，而且保证了大批大中型有机肥料厂的生产，创造出每年百亿元级的绿色 GDP 产值。

（3）化学肥料在肥料领域的霸主地位加快丧失，化肥与有机肥（包括生物有机肥）并重的时代已经出现，再过几十年，将是优质有机肥、有机无机复混肥居霸主地位，而化肥产业将沦为新型肥料产业的原料基地。这是践行低碳经济和产业结构优化转型方针的重大成果。

（4）在大型农业、畜牧业基地，使用先进适用的生物技术和有机肥料生产技术，有利于实行循环经济，催生肥料工业和其他加工业，从而促进先进农、工、商产业集群的成长，加快我国小农经济向现代化农业的转变，推动新农村建设。

第十一节　生物腐植酸在盐碱地和沙化土地改造方面的应用

由于生物腐植酸具备活性腐植酸和微生物两重功能，在土壤改良方面有良好表现。

一、生物腐植酸对盐碱地的改造

在盐碱地治理方面的作用原理是：对 pH 值的调节，以肥压碱、疏松土壤从而破坏盐分上升毛细管道，加速排盐、增加土壤中微生物量，促进耐盐碱先锋作物的生长。具体治理工程要考虑工程成本和快速治理效果。可利用当地的大宗有机废弃物制造生物腐植酸有机肥，用这种肥料代替生物腐植酸参与治理工程；同时还应配套其他物理、化学、农艺和水利工程措施，才能达到速效和持续性。

以下是北方某沿海城市盐碱地治理方案。

1. 改造方案的原理

北方盐碱地的改造难以按照南方多雨地区或河流水网地区盐碱地治理的模式，后两者的治理方案一般是主要依靠灌水洗盐。但北方水资源缺乏、雨水较少，必须利用物理、化学、微生物、农艺技术和水利工程多种措施综合治理。

本方案正是根据这种思路，融汇大量前人治理盐碱地的有益经验，加上本课题组专家的多项研究成果，其中突出的是生物腐植酸技术、纳米高能活化技术，以及独特的有机废弃物循环利用技术，使北方盐碱地改造效果好、成本低、操作简便，达到目前国内外治理盐碱地技术的前沿水平。具体原理如下：

（1）采用物理、化学、微生物、农艺技术和水利工程措施综合治理。

（2）以肥压碱。

（3）以松土加腐植酸生物肥料形成耕作层，切断地下盐分上升的毛细通道，加上合理的沟网排盐，达到上改下排彻底治理的目标。

（4）应用离子置换原理，添加 Ca^{2+}、Mg^{2+} 离子置换土壤中 Na^+，使土壤由板结态变成团粒态，而 Na^+ 就易被水溶出排掉，从而彻底改变土壤的理化性状。

（5）增加土壤有益微生物量，加上种植耐盐碱先锋作物，在较短时间内使土壤的水、气、热状态得到根本好转，从而改善作物生存的土壤环境，为后续经济作物或美化绿化作物的种植创造条件。

（6）使用纳米技术改变水分子结构，从而提高土壤水传导能，大大提高淡水排盐效能。

（7）在作物种植后，主要使用生物腐植酸膏肥施肥，持续去盐碱化进程，达到彻底治理。

2. 主要措施

（1）以生物腐植酸为快速高效腐熟菌剂，对玉米秸秆（破碎）磷矿粉和泥炭的混合物进行发酵（7～10d 完成）后，成为高效廉价的盐碱土改良剂和高效有机肥，可同时起到改碱、施肥和投入大量微生物三种作用。计划每公顷施用 30t。如当地有其他大量廉价有机废弃物，可用之取代泥炭，做到就地取材，实现低成本高效率。

（2）从附近燃煤单位（如电厂、热水或蒸汽供给单位等）收集脱硫石膏（废石膏）和煤灰，经适当加工后投入治理地块，每公顷使用脱硫石膏粉 15t，煤灰 20t。此措施有利于松土和对 Na^+ 的清除。

（3）上述肥料物料分两次撒施翻耕，形成 40cm 翻耕层。

（4）按图挖掘构建排水小沟、中沟和大管（主排管）竖井。小沟为暗沟，挖出后，沟土移做大管竖井上方的道路垫土，小沟用玉米秸秆条填充后再把翻耕的松土培平；中沟为明沟，沟土分沟两侧做沟岸小道路；大排水沟实际也是暗沟，由竖井和大口径树脂管组成，上方用小沟沟土筑成宽 8m 左右的道路路基。在大面积土地上按 100m×108m 为小区，则每小区小沟 3×6＝18 条共 600m，中沟 3 条共 300m，土路下大管 1 条 100m。形成每公顷 3 块各 5 亩（33.33m×100m）的耕作块。

（5）必须引进淡水灌溉管网。在水量有保证时对翻耕土地浇透两遍，然后种植耐盐碱先锋作物。在灌溉支管中适当位置安装纳米高能活水器，可大大提高淡水洗盐能力。

（6）初期种植适应当地气候的耐盐碱作物，可以选择的品种如向日葵、蓖麻、大麦、甜菜、棉花等经济作物，也可种植杨树苗、草木樨、田菁、盐蒿、海蓬子等绿化作物。

（7）施用腐植酸活性肥料。最理想的是用腐植酸水溶膏肥，可通过管道输送喷施或滴灌。一般作物每3个月每亩使用40～60kg，分3～6次施用。这是高效可溶性肥，肥效高，能壮旺作物根系，促进土壤进一步团粒化，促使其水气热环境不断优化。

（8）各小区竖井暗管通区域主沟。主沟直接入海或排入总蓄水塘抽排入海，使区域内的盐水不断被排掉，从而确保盐碱地永不反盐，永续耕植。

3. 本方案特点

（1）按本方案操作，年初动工夏天见绿秋后收获，见效明显。

（2）本方案突出腐植酸技术、微生物技术、废弃物循环利用技术和纳米技术，效果好、成本低、操作简易、管理简单、良性循环，是改造工程成功的技术保证。

（3）合理的排水沟网结构和布局，排盐效果好、成本低，土地利用率高（种植面积大于82%），维护管理难度低，并能长期使用。

（4）主要物料使用工农业有机废弃物，既保证了改造工程的低成本，又有利于环境保护，实现了改碱环保双赢。

4. 每公顷直接成本

（1）土壤改良全部物料及费用如下。

生物腐植酸 0.3t，共 2400 元；

玉米秸秆 20t，共 4000 元；

吉林泥炭 15t，共 4500 元；

磷矿物 3t，共 900 元；

过磷酸钙 2t，共 1400 元；

尿素 2t，共 3400 元；

麸皮 2t，共 3600 元；

脱硫石膏 15t，共 1500 元；

煤灰 20t，共 1600 元；

小计：22900 元。

（2）沟网排盐全部工程及费用如下。

挖土方 600m³，共需 3000 元；

Φ1000 强力树脂管需 100m，共 10000 元；

Φ1.5×3 竖井需 4 个，共 10000 元；

小计：23000 元。

（3）地面淡水喷灌系统详细费用如下。

水泵 1 台，共 5000 元；

主管（Φ120）200m，共需 6000 元；

支管（Φ76）300m，共需 4500 元；

小管（Φ25）400m，共需 2000 元；

转动喷头 50 个，共需 1000 元；

纳米活化器 2 套，共需 4000 元；

小计：22500 元。

（4）翻耕费用：2 遍共 4000 元。

（5）作物（1 茬）栽培费如下。

种苗共 4000 元；

专用腐植酸膏肥 1t，共 6500 元；

管理及人工费用，共 4500 元；

水费共 4000 元；

小计：19000。

（6）运输、人工、直接管理费：8000 元。

（7）临时设施：25000 元。

（8）直接差旅费：16000 元。

直接成本合计：140400 元，即每公顷治理直接费用 140400，即每亩 9360 元，折 14 元/m²。

5. 本方案未计入的其他费用项目如下。

（1）其他必要机械和车辆；

（2）聘请专家费用；

（3）其他公共设施，如淡水来源工程、区域排水主沟和泵站；

（4）电力设施；

（5）驻点治理人员生活设施和日常费用、办公费用。

6. 改造结构见图 2-8。

通过以上案例，可以清楚地了解到生物腐植酸如何修复盐碱地的历程。

二、生物腐植酸对沙化土壤的改造

在于江等的《生物腐植酸修复沙化退化土壤效果研究》一文中，作者通过大量试验认为："腐植酸和生物腐植酸均可提高土

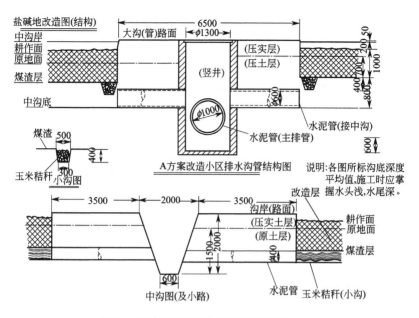

图 2-8　盐碱地改造方案结构图（单位：mm）

壤有机质的含量，但生物腐植酸的提高幅度大于腐植酸。"并具体探索出"生物腐植酸浓度在 0.05% 以上时修复效果最好，可作为生物腐植酸广泛应用于沙化退化土壤修复的参考浓度。"并得出结论："综合看来，施加生物腐植酸可显著提高土壤的有机质含量、土壤微生物数量和植物生物量。"

在沙化土地治理方面的作用原理是：生物腐植酸对水分有很强的吸附功能，即使在干旱的沙漠，也能使沙土表层下出现湿润层，加上腐植酸的胶体性质，能使沙土表层下逐渐形成团粒结构。在这种微型生态圈中，生物腐植酸内含微生物有一定的复苏繁殖能力，如果再有适当的抗干旱作物的生长，微生物与作物根系共生圈就会有效发生作用，以互相促进的方式共荣，迈开沙化

（沙漠）治理的第一步。

当然，干旱地区的沙化土地和沙漠的自然条件十分恶劣，要达到快速治沙的效果，还必须采取"阵地战"或"大兵团作战"，并应充分利用沙地的特殊水文条件。不少沙漠地区的气象特点是：年均降雨量仅几十毫米，但蒸发量却达到一千毫米以上。这种现象说明：沙漠之水地下来。亿万年前的大湖或海湾，变成了现在的沙漠，厚厚的沙层的底部，是饱含水分的。就如北非的利比亚沙漠，近年被探明有数以百亿吨的地下"水库"。这就给我们治理提出一个启示：如果在沙地表面"喷涂"一层能长草的"涂料"，就可以阻挡沙下水气进入大气之中，并使这些水气成为"涂层"中草籽发芽生长的水源。不用多久，昔日的沙地将变成绿草如茵的草地了。我们可以开展这样的工程措施：把生物腐植酸有机肥与草籽和泥浆混合成浓浆状，由一台履带式抛射机抛射到沙地表面，形成一个巨大的地毯，这就是简单沙漠人工草地工程，成本低，当年见效，春播夏绿，可持续存在。

所以，在沙化土地的改造方面，更加简单：只要持续在作物基肥中加入 5%～10% BFA 粉，或者持续用 BFA 有机肥作作物基肥，三年内土壤沙化问题就可以基本得到改变。

第三章
生物腐植酸有机无机复混肥料

第一节 有机无机复混肥料的功能和优势

有机无机复混肥是一种对化肥作改良对有机肥作提升的肥种。它具有接近化肥的肥力，又限制了化肥的流失（或被固定）；它具有有机肥给土壤和作物补充（提供）有机质（主要是碳肥）的作用，又具有比有机肥更高的肥力。因此有机无机复混肥可以取代化肥作基肥和追肥。由于它的价值比有机肥高，在农资市场容许比有机肥更远的运输距离，间接地就把有机肥料的市场扩大了。

有机无机复混肥料的功能与化肥和有机肥对比如表 3-1 所示。

表 3-1　三个肥种功能对照

项目	肥力	改良土壤	综合价值
有机无机复混肥	++	++	+++
化肥	+++	————	++
有机肥	+	+++	++

多年的实践证明：由 BFA 有机肥制造的有机无机复混肥料，营养成分的当季利用率比纯化肥（三大营养比例相近）提高 40％～50％。这是一个重要信息，它说明：含三大营养元素 15％的 BFA 有机无机复混肥料，其当季肥效约等于三大营养元素含量为21％～23％的纯化肥。或者说 100kg15％营养的 BFA 有机无机复混肥，其当季肥效相当于 47kg 营养含量 45％的化肥。

另一方面，由于 BFA 有机无机复混肥料中含有 20％以上的有机质，其中有三分之一左右是以活性腐植酸的形态存在的，这就使这个肥种具有很强的活磷作用。长期施用磷肥的土地，土壤中被固定的磷含量很高，在这种土地施用的有机无机复混肥料，可以在 N、P_2O_5 和 K_2O 配比上对理论计算值进行调整，把 P_2O_5 压低 30％～40％，这部分空间让给氮肥和钾肥。这实际上使肥料营养比原理论计算值又高出一截。这种思考在实践中得到验证：福建省东山县是芦笋产地，芦笋地长年施用大量过磷酸钙。2007 年，笔者在配制芦笋专用有机无机复混肥时，根据当地专家的建议，把理论用肥配方中的磷肥降低了四成，减下来的重量让给氮肥和钾肥，结果与对照（按理论计算专用肥配方）相比，单产增加 9.2％。

BFA 有机无机复混肥料还有其特有的优势：适宜配制各种专用肥。因其生产过程摒弃大化肥生产工艺，生产线比较简化，每批产量可多可少，少至每批几百千克都可以做。而其生产环节中又不可少地经过多种物料混合，因此调整配方十分方便，所以该肥料最适合配制专用肥。

例如一种冲施专用复混肥，冲施肥要求 N、P_2O_5 和 K_2O 含量比较高，又含水溶有机质。我们可以这样设计适合做冲施肥的 BFA 有机无机复混肥：选用不带粗渣和粗纤维的物料制造 BFA 有机肥，例如用糖厂滤泥、猪粪、磷矿粉、糖蜜废液浓缩液，加适当氮肥、钾肥混合用 BFA 粉发酵，就得到水溶性很好的有机肥料。再根据目标作物对 N、P_2O_5、K_2O 配比的要求计算使用尿素、硫酸钾（氯化钾）的量。将上述有机肥同所计算的化肥混合（不造粒），就是某种作物的冲施肥。这种冲施肥可加入 20～50 倍水（多不限）混匀冲施，也可管道输送。经管道输送应先经一个混水池搅拌混匀，经沉淀后从出液口排入管道系统。出液口应比池底高，使沉渣不被带入管道。这种冲施肥利用率高，还能改良土壤、提高作物防病抗逆机能，农作物长势好、品质优良，并且可以节省大量劳动力。

第二节　生物腐植酸有机无机复混肥料的配方设计和制造方法

国家现行有机无机复混肥料标准是 GB 18877—2002，其中关于有机无机复混肥料的主要技术指标是：

$$N+P_2O_5+K_2O \geqslant 20\%$$

$$有机质含量 \geqslant 20\%$$

$$水分含量 \leqslant 10\%$$

$$pH 值 5.5～8.0$$

制造 BFA 有机无机复混肥料，其原材料一般是：BFA 有机肥（粉料）、氮肥、磷肥和钾肥四种原料。

具体配方构成应注意以下几点：

一是原料有机肥的质和量应保证复混肥料含有机质≥20%，含水≤10%。

二是氮肥、磷肥、钾肥各自的品种和用量应使复混肥料达到$(N+P_2O_5+K_2O)≥15\%$，且其中任何一个成分应不少于2%。

以下介绍配方设计的计算方法。

案例一：要求高氮，$(N+P_2O_5+K_2O)≥15\%$

设计：令$N≥10\%$，$P_2O_5≥4\%$，$K_2O≥6\%$

100kg产品中：

$N=10kg$　需尿素：$10/0.46=21.8kg$

$P_2O_5=4kg$　需过磷酸钙：$4/0.18=22kg$

$K_2O=6kg$　需硫酸钾：$(6/0.5)kg=12kg$

理论用有机肥料：$100kg-(21.8+22+12)kg=44.2kg$，而44.2kg有机肥实际含$N=0.7kg$、$P_2O_5=0.4kg$、$K_2O=0.6kg$，修正使用尿素$N=10-0.7=9.3kg$，实需尿素$9.3/0.46=20.2kg$；修正使用过磷酸钙$P_2O_5=4-0.4=3.6kg$，实需过磷酸钙$=3.6/0.18=20kg$；修正使用硫酸钾$K_2O=6-0.6=5.4kg$，实需硫酸钾$=5.4/0.5=10.8kg$，化肥实需量比计算量少用：$(21.8+22+12)kg-(20.2+20+10.8)kg=(55.8-51)kg=4.8kg$

以化肥量减用的4.8kg空间留给有机肥，则既保证了总量100kg，又使4.8kg有机肥中的N、P_2O_5和K_2O作为总营养成分的富余量，确保三大营养含量达到设计标准。

如此，有机肥用量$=(44.2+4.8)kg=49kg$

验算：假设有机肥料实测有机质含量为45%，则本复混肥100kg中有机质含量为$49×0.45=22kg$，即本复混肥有机质含量为：$22/100=22\%$（符合有机无机复混肥料标准）。

本方案中，使用：

有机肥 49kg（含有机质 22kg、含水 10kg、N＝0.77kg、P_2O_5＝0.44kg、K_2O＝0.66kg）

尿素 20.2kg

过磷酸钙 20kg

硫酸钾 10.8kg

合计：100kg

含：$\left. \begin{array}{l} N=9.3+0.77=10.7kg \\ P_2O_5=3.6+0.44=4.4kg \\ K_2O=5.4+0.66=6.6kg \end{array} \right\}$ $N+P_2O_5+K_2O=21.7kg$

结论：本方案符合设计要求又符合有机无机复混肥标准，方案可行。

提示：本方案使用有机肥料必须含水≤20％，才能使复混肥产品含水≤10％；如果原料有机肥含水＝35％参与混合造粒，则应该重新计算原料有机肥用量如下。

49kg含水 20％原料有机肥干物质＝49×0.8＝39.2kg，39.2kg 干物质来源于含水 35％的物料 $x$kg，

$$x=39.2/0.65=60.3kg$$

所以，实际生产 100kg 有机无机复混肥需含水率为 35％的原料有机肥 60.3kg。经混合上述化肥后造粒干燥至含水 10％。

案例二：现有原料有机肥含水 32％，测得干物质有机质含量为 40％，配制 $N:P_2O_5:K_2O=3:1:2$ 有机无机复混肥。

计算　由有机无机复混肥料标准得知：

100kg目标产品需含有机质 20kg，即原料有机肥干物质为：

20/0.4＝50kg（来源于有机肥）

100kg 肥料含水 10kg（来源于有机肥）

其他为化肥，化肥总量为：$100-(50+10)=40$kg

通过"比较接近设计"法得 40kg 化肥安排：

尿素 16.3kg　　　　　　　N　7.5kg

过磷酸钙 13.9kg　　　　　P_2O_5　2.5kg

硫酸钾 10kg　　　　　　　K_2O　5kg

合计：40.2kg　　　　　　15kg（符合 15％指标）

而 60kg 原料有机肥可提供：

N　$60×1.6\%=0.96$kg

P_2O_5　$60×10\%=0.6$kg

K_2O　$60×1.4\%=0.84$kg

修正：

实需化肥 N　$7.5-0.9=6.6$kg，需尿素 14.3kg

实需化肥 P_2O_5　$2.5-0.6=1.9$kg，需过磷酸钙 10.6kg

实需化肥 K_2O　$5-0.8=4.2$kg，需硫酸钾 8.4kg

修正后化肥用量为 $(14.3+10.6+8.4)$kg$=27.4$kg，比原计算少用：$40.2-27.4=12.8$kg

实际需用含水 20％原料有机肥为：$(60+12.8)$kg$=72.8$kg

实际需用含水 32％原料有机肥为：$(72.8×0.8/0.68)$kg$=85.6$kg

得出本方案配方为：

原料有机肥（含水 32％、干物质中含 40％有机质）85.6kg

尿素 14.3kg、过磷酸钙 10.6kg、硫酸钾 8.4kg，经充分混合造粒后进入"射流风机——滚筒烘干机"系统烘干至含水 10％即为设计要求含（$N+P_2O_5+K_2O$）$\geqslant15\%$的有机无机复混肥料。

由以上两个设计案例可以看出：使用有机质含量低的原料有机肥，不可能做出高营养含量（例如 $N+P_2O_5+K_2O \geqslant 25\%$）的有机无机复混肥料。因为照顾肥料成本，磷肥来源不可能选用高磷品种，一般是选用过磷酸钙和钙镁磷肥这两者有效成分含量都小于 18%，这就使磷肥占用许多空间（重量）。通常配置的化肥重量都是总营养含量的 2 倍以上，如果要求达到 25% 营养含量，化肥总量必须超过 50%，这就使有机肥总量压缩到 50% 以下，如果要达到总肥料量 20% 以上的有机质、有机肥（含水 20% 以下）的有机质总量必须高于 40%。所以在有机无机复混肥设计中，要注意平衡有机肥用量和总营养含量两者的比例，取得一个可达到的最佳结合点，使有机质 $\geqslant 20\%$、$(N+P_2O_5+K_2O) \geqslant 15\%$。

BFA 有机无机复混肥料制造的基础是 BFA 有机肥料的生产。用 BFA 技术和合适的物料调配，制造出高质量的原料有机肥，才能制造出高质量的 BFA 有机无机复混肥料。

以下简要介绍 BFA 有机无机复混肥料的制造。

简单的混合剂型，可将含水分 20% 以下的有机肥粉料和尿素、过磷酸钙和硫酸钾，按各营养元素含量比例的要求，经计算称量后进入立式混料机混合即可达到要求。本生产方法可直接使用颗粒化肥。

造粒剂型，可以直接从 BFA 有机肥后发酵堆区取料，与小颗粒尿素、过磷酸钙和硫酸钾粉料混合，经分段功能滚筒造粒机或抛圆机造粒，再经"射流风机——滚筒烘干机"系统干燥，就得到含水率 10% 以下的有机无机复混肥料。

BFA有机无机复混肥料制造中应注意以下几点。

(1) 原料有机肥必须经有效发酵过，不可以用未经发酵处理过的有机物就拿去做有机无机复混肥料。有的肥料厂至今还在用未经发酵的泥炭土、糖蜜废液浓缩液或其喷雾干燥粉甚至用粉状风化煤直接与化肥混合造粒，就当作有机无机复混肥出售，这些尽管有机质含量达到20%，但不是合格品。

(2) 原料有机肥中有机质含量应该足够，以保证加工成的有机无机复混肥料中有机质含量达到20%。

(3) 造粒剂型应避免高含水率造粒的圆盘造粒或一般滚筒造粒。因为物料含水率需50%左右才能在这些机器中成粒，而这么高含水率的肥料颗粒要在几分钟之内使含水量降至10%，必须经摄氏度几百度高温才做得到，这将使肥料中有机质的活性丧失殆尽。要制造出好的有机无机复混肥料，必须保证有机质的活性，所以一定要讲究减水工艺，使减水过程不在高温中进行。当然，有机无机复混肥料的避免高温，并没有生物有机肥的要求那么苛刻。生物有机肥必须掌握物料在干燥设备出料口时，料温不超过60℃，而进干燥设备的热介质温度一般不超过180℃。这些措施是保护活性微生物的条件，而有机无机复混肥料应保护的不是活性微生物，而是有机质（主要是腐植酸和一些酶类物质）的活性，所以出口物料温度在90℃以内，进口介质温度在250℃以内都是可以的。

有关BFA有机无机复混肥料生产线布置，可以参考BFA有机肥料生产线布置（图2-5），在其生产线的适当位置插入化肥定量称重机和化肥与粉状有机肥（可以是半成品）的立式混料机，其后就是造粒、干燥、冷却、筛分等工序。

有条件得到廉价磷矿粉的地方，可以在 BFA 有机肥制造阶段使用磷矿粉取代磷肥参与发酵，并把成品有机无机复混肥料产品含磷量作为计算磷矿粉用量的依据。这种情况在生产线配置复混肥化肥时，就不必加入磷肥了，这将使生产成本进一步下降。

除了特别要求之外，我们应该大力推广和使用不经再造粒的有机无机复混肥料，也即化肥（颗粒状）与有机肥（粉状）直接混合包装。粉状有机肥本身就是"慢性"（即缓释）肥，颗粒状化肥在大量粉状有机肥的包围之中，正好兼具其速效和缓释两种特性。为什么还要投入大量资金和能源去把化肥与有机肥造成一粒呢？尤其是缺水地区，颗粒有机无机复混肥在土壤里长时间不能崩解，严重制约了其肥效的发挥。这个问题牵涉到现行"GB 18877—2009"标准中对外观的要求——颗粒状或条状产品，值得大家探讨。

第三节　年产 3 万吨 BFA 有机无机复混肥料厂的设计

BFA 有机无机复混肥料厂的主要部分仍然是 BFA 有机肥料的生产，仅在造粒工序中把化肥混进去，所以生产线是 BFA 有机肥料（造粒）的生产线加入化肥称量机和立式混料机两道工序设备，固定资产投资略有增加而已。

本节设计年产 3 万吨 BFA 有机无机复混肥料厂。

1. 有机肥生产规模

年产 3 万吨有机无机复混肥，需用原料有机肥（含水 20%）

（1.5～1.8）万吨，设计年产有机肥 2 万吨，其中（0.2～0.5）万吨有机肥可直接出售。

2. 生产工艺流程（图 3-1）

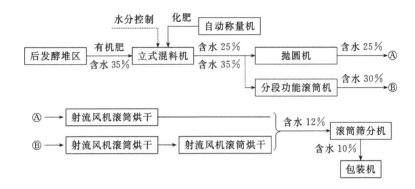

图 3-1　年产 3 万吨有机无机复混肥生产工艺流程图

3. 产能和设备选择（按两班倒）

（1）自动称重台：选用 5t/h（装机 11kW）。

（2）混料机产能：20000t/300d＝66t（按 70t）——→4.4t/h。

选用 2 台 Φ1500 立式混料机（装机 2×11kW）。

（3-1）抛圆机：4.4t/h；

选用 4 台三层抛圆机并联使用（装机 4×3×7kW）。

（3-2）分段功能滚筒（造粒）机：4.4t/h；

选用 2 台分段功能滚筒（造粒）机并联使用（装机 2×15kW）。

（4-1）射流风机滚筒烘干系统：4.4t/h；

选用 Φ1800×20000 滚筒烘干系统 1 套（装机 45kW）；

选用射流风机（装机 15kW）。

（4-2）选用 $\Phi1800\times20000$ 滚筒烘干系统 2 套串联（装机 90kW）；

选用射流风机 2 台（装机 30kW）。

（5）选用 $\Phi1500\times3000$ 滚动筛 1 台（装机 5.5kW）；

其余参考 2 万吨 BFA 有机肥生产设备未纳入部分。

4. 投资概算

（1）生产线设备（包括有机肥制造）见表 3-2。

表 3-2　日产 70t（两班）BFA 有机无机复混肥料生产设备表

序号	设备名称	台数	产能或规格	装机用电/kW	参考价格/万元
1	自动称重装置	2	5t/h	22	20
2	轮式翻料机	1	2.6m	—	4
3	立式混料机	2	$\Phi1500$	22	5
4	铲斗车	2	5t		16
5①	抛圆机	4	1.2t/h	84	12
6②	分段功能滚筒造粒机	2	3t/h	30	24
7①	射流风机滚筒烘干	1	5t/h	60	27
8②	射流风机滚筒烘干	2	5t/h	60	54
9	滚动筛	1	$\Phi1500\times3000$	5.5	4
10	自动称重封袋机	1	25～50kg/包	5.5	7
11	集料斗	2	0.8m³	—	0.3
12	V 字输送带	7	500mm 宽	10.5	5.6 万

①：23 台套 101.2 万元；②：22 台套 140.2 万元。

（2）基建面积：增加化肥仓库 8000m²，成品仓库 400m²。

（3）增加土地面积 4 亩。

（4）投资概算：比年产 2 万吨 BFA 有机肥料厂增加投资 50 万元，增加土地面积 4 亩。

5. 产值利润概算

本方案按年产3万吨有机无机复混肥加0.5万吨有机肥计，有机肥是年产2万吨有机肥料产值的四分之一，利润大于四分之一。3万吨有机无机复混肥年产值约6000万元，年利润约800万元。两者相加总利润约1000万元。

第四节　生物腐植酸有机无机复混肥料的使用

BFA有机无机复混肥料的特性和优势可以归纳如下：

（1）以较低的化肥营养含量取代较高营养含量的化肥；

（2）可以作基肥，也可以作追肥；

（3）中低营养含量BFA有机无机复混肥作基肥不烧根，在施肥中实现化肥和有机肥（腐植酸）一起走，既满足了作物对大量营养元素的需求，又对土壤补充有机质；

（4）方便各种营养含量的搭配组装，容易按照市场需求及时配制针对性强的专用肥、功能肥（包括补素肥和药肥）。

由于BFA有机无机复混肥料综合价值高于有机肥和纯化肥，其运距比有机肥更远、使用领域更广。根据BFA有机无机复混肥料的特性和优势，可列出如表3-3所示的BFA有机无机复混肥使用参考量。

表3-3　BFA有机无机复混肥料使用参考量

使用方向	BFA复混肥料品种或营养含量
绿色食品农作物基肥	$(N+P_2O_5+K_2O)=15\%\sim20\%$
绿色食品农作物追肥	$(N+P_2O_5+K_2O)=20\%\sim25\%$
各种作物基肥	$(N+P_2O_5+K_2O)=15\%\sim25\%$

使用方向	BFA 复混肥料品种或营养含量
各种作物追肥	$(N+P_2O_5+K_2O)=20\%\sim25\%$
专用作物基肥、追肥	特制 BFA 复混肥料
板结土壤施肥	$(N+P_2O_5+K_2O)=15\%\sim20\%$
盐碱地施肥	$(N+P_2O_5+K_2O)=15\%\sim20\%$
沙化土壤施肥	$(N+P_2O_5+K_2O)=15\%\sim20\%$
优质速效肥	特制 BFA 冲施肥(粉剂)
提高作物品质的追肥	特制 BFA 冲施肥(粉剂)
旱区使用基肥	$(N+P_2O_5+K_2O)=15\%\sim20\%$
驱避地下害虫基肥	特制 BFA 复混肥料
防抗土传病害基肥	特制 BFA 复混肥料,$(N+P_2O_5+K_2O)=15\%$

另有几种重要经济作物 BFA 有机无机复混肥配方和使用方法见表 3-4。

BFA 有机无机复混肥料的用量，一般可以参照相同营养比例的化肥用量进行换算，BFA 肥中 $(N+P_2O_5+K_2O)$ 含率乘以 1.4～1.5，即为对照化肥 $(N+P_2O_5+K_2O)$ 含率。BFA 肥中营养含量接近 15％取 1.5，接近 25％取 1.4。

例如某作物基肥每亩用 $(N+P_2O_5+K_2O)$ 含率 40％的化肥 80kg，计算：

① $(N+P_2O_5+K_2O)=16\%$ 的 BFA 复混肥每亩用量为多少？

设用量为 $x$kg，$x\times0.16\times1.5=80\times0.4$

$$0.4x=32$$

$$x=32/0.4=133 \text{（kg）}$$

② $(N+P_2O_5+K_2O)=24\%$ 的 BFA 复混肥每亩用量为

多少？

设用量为 y，$y\times 0.24\times 1.4=80\times 0.4$

$$0.336y=32$$

$$y=32/0.336=95\text{（kg）}$$

表 3-4　BFA 有机无机复混肥在经济作物的应用实例

作物	基肥	追肥
柑橘	配方：$N：P_2O_5：K_2O=6：3：6$；设用 $(N+P_2O_5+K_2O)=15\%$ 有机无机用量为每亩 80～120kg	配方：$N：P_2O_5：K_2O=10：3：12$；设用 $(N+P_2O_5+K_2O)=25\%$ 有机无机用量为每亩 160～200kg
葡萄	配方：$N：P_2O_5：K_2O=6：3：6$；设用 $(N+P_2O_5+K_2O)=15\%$ 有机无机用量为每亩 120～150kg	配方：$N：P_2O_5：K_2O=10：5：10$；设用 $(N+P_2O_5+K_2O)=25\%$ 有机无机用量为每亩 40～60kg
香蕉	配方：$N：P_2O_5：K_2O=4：3：8$；设用 $(N+P_2O_5+K_2O)=15\%$ 有机无机用量为每亩 60～80kg	配方：$N：P_2O_5：K_2O=7：4：14$；设用 $(N+P_2O_5+K_2O)=25\%$ 有机无机用量为每亩 300～350kg
甜玉米	配方：$N：P_2O_5：K_2O=6：2：7$；设用 $(N+P_2O_5+K_2O)=15\%$ 有机无机用量为每亩 100～150kg	配方：$N：P_2O_5：K_2O=10：3：12$；设用 $(N+P_2O_5+K_2O)=25\%$ 有机无机用量为每亩 80～100kg
番茄	配方：$N：P_2O_5：K_2O=2：9：4$；设用 $(N+P_2O_5+K_2O)=15\%$ 有机无机用量为每亩 100～120kg	配方：$N：P_2O_5：K_2O=8：2：15$；设用 $(N+P_2O_5+K_2O)=25\%$ 有机无机用量为每亩 80～100kg
黄瓜	配方：$N：P_2O_5：K_2O=3：5：7$；设用 $(N+P_2O_5+K_2O)=15\%$ 有机无机用量为每亩 150～200kg	配方：$N：P_2O_5：K_2O=10：4：11$；设用 $(N+P_2O_5+K_2O)=25\%$ 有机无机用量为每亩 80～120kg
荷兰豆	配方：$N：P_2O_5：K_2O=8：4：3$；设用 $(N+P_2O_5+K_2O)=15\%$ 有机无机用量为每亩 150～200kg	配方：$N：P_2O_5：K_2O=9：5：11$；设用 $(N+P_2O_5+K_2O)=25\%$ 有机无机用量为每亩 100～120kg
马铃薯	配方：$N：P_2O_5：K_2O=5：2：8$；设用 $(N+P_2O_5+K_2O)=15\%$ 有机无机用量为每亩 300～400kg	配方：$N：P_2O_5：K_2O=8：5：12$；设用 $(N+P_2O_5+K_2O)=25\%$ 有机无机用量为每亩 80～100kg

由于有机无机复混肥料的营养成分被包裹在有机质之中，在

干旱天气撒施土面就难以产生肥效，为了肥料显效并有较好的利用率，追肥时应尽量做到坑（沟）施后覆土。

同 BFA 有机肥的原理相同，用 BFA 有机无机复混肥作基肥防抗土传病害，应比移苗提早 5～7d 施入穴中。

BFA 有机无机复混肥实际上有两种形态：一种是粉状化肥和有机肥被压制在一个颗粒中，一种是粉状有机肥和颗粒状化肥掺混。第一种形态的肥料使用中如土壤没有足够水分，肥粒不崩解，化肥肥力发挥不出来，造成该肥料"肥效低"的错觉。这是使用中应当注意的。

第五节　生物腐植酸有机无机复混肥料生产中的质量管理

与有机肥料不同，有机无机复混肥料被纳入国家生产许可证管理，生产厂家必须创造条件取得复混肥料生产许可证，才能申报产品登记证号，进行市场销售。

本节强调一些本肥种比较特殊的因素经常造成的质量问题。

（1）对原料有机肥质量的把关　原料有机肥三大质量问题会影响复混肥的质量。一是是否经正常发酵，二是含水率，三是氮磷钾含量。每批参与下工序造粒或简单掺混的原料有机肥，都应测量含水率及 N、P_2O_5 和 K_2O 的含量，才能准确计算出各化肥肥种的添加量，以及干燥工序中应执行的工艺参数。当然，在实际生产中，为了节省时间节省成本，应充分利用积累的经验数据，使一些检测简单化，例如用手感、容积比重法等简便措施测水分，而 N、P_2O_5 和 K_2O 则可以根据多次重复比较值，将原料有机肥中的 N、P_2O_5 和 K_2O 确定在某些值上，作为后续计算的参考。

（2）原料化肥有效成分含量的把关　对于原料化肥，必须检测其有效成分含量，不可轻信该原料包装袋上的标示值。当某一个厂家（牌子）的产品持续使用时，一般不定期抽检就可以，但一旦换厂家或牌子，一定要做首检。检测资料必须存档。

（3）加工工艺的把关　除了上述两项，一些关键工艺也影响BFA复混肥料的质量，必须严格把好关：

① 造粒中含水量是否符合工艺路线图中各工序水分掌握值？不符时应做哪些调整？

② 含水量需由干燥温度或干燥时间来调节，怎么样找到两个"t"（温度 t 和时间 t）的平衡点？

（4）在生产过程中，肥料中养分"氮"比较容易挥发，它的挥发量与含水率及干燥温度有关，较低的含水率和较低的烘干温度有利于保"氮"。如果生产条件造成不利于"氮"的保存，则在物料配比时应留有"氮"的富余量，以保障产品含"氮"量达到设计值。

第六节　生物腐植酸有机无机复混肥料的发展前景

BFA 有机无机复混肥料是一个发展前景十分广阔的肥种，可以通过以下几方面的分析来了解。

1. 与几个可比较肥种的对比

与有机肥比较，在肥力和运输半径方面，在使用范围和使用量（劳动力）方面，BFA 复混肥料都占优。与化肥比较，在使用范围和对土壤的改良对环境的影响方面，BFA 复混肥都占优。

与其他有机无机复混肥比较，在加工成本和肥料活性方面，BFA 复混肥都占优。

与矿物腐植酸有机无机复混肥比较，在对循环经济低碳经济的作用方面，在肥料活性方面，BFA 复混肥料都占优。

农业在进步，社会在和谐发展，作为农作物"粮食"的肥料也必须随着改进和发展。可以断言，化肥在农资肥料市场占主导地位的时代将要终结，代之以一个过渡时期，这是各种肥种纷纷登场抢滩的"战国时期"，而后就是有机无机复混肥料占主导地位的时代到来。

2. 算一算"间接贡献"账

BFA 有机无机复混肥料在农业直接应用的贡献无需赘述。在此，算一算这个肥种的"间接贡献"。

其一是对化肥的改造而形成的化肥用量的减少，从而对节能减排产生巨大的贡献。

从本章第四节两个实例可以算出，用 BFA 复混肥，以同样增产效果为标准计算，BFA 复混肥中使用的化肥营养成分总量可以比纯化肥减少 30%～33%。

据有关资料介绍，每生产 1t 含 40% 营养成分的纯化肥，平均耗能折 1.5t 标准煤，所以每使用 1t 含 20% 营养成分的 BFA 复混肥，与使用纯化肥比较，可以减少使用 60kg 化肥营养成分，相当于减少使用 150kg 含量 40% 的纯化肥，可节约 0.225 吨标准煤，这是节能账。

根据国家发改委公布的数据，工业锅炉每燃烧一吨标准煤，就产生二氧化碳2620kg。所以用1t 20%营养成分的BFA复混肥而不是使用纯化肥，相当于间接减排二氧化碳0.59t，这是减排账。

我国目前年使用化肥5000万吨。按平均营养含量40%计，如果每年有2000万吨化肥被转用做优质有机无机复混肥（BFA复混肥）的原料，将可生产20%有机无机复混肥4000万吨，可使年产化肥总量由5000万吨下降为4400万吨，少生产600万吨，可以减排二氧化碳2358万吨。

以上仅仅是讲的"化肥营养成分"利用率提高这一块的节能减排账。还有一个减排账，是有机废弃物转化为有机无机复混肥料的原料，而不向环境排放。

下面以五种大宗工农业有机废弃物为例进行对比测算（表3-5～表3-9）。

表3-5　1000亩土地年产废弃秸秆（干物质）平均1500t

处理方式	形成污染源	环保代价	折肥料及价值
烧弃	产生1800tCO_2	耗氧1300t	4.5万元
一般粉碎还田	—	耗氧500t	30万元
制造BFA复混肥	—	—	1650t,300万元

表3-6　1万头存栏猪场年产固体废弃物情况

处理方式	形成污染源	污染水体	折肥料及价值
全部未处理排出	粪便7200t，污液18000t	400万米^3	—
制造BFA复混肥 BFA技术处理	粪便7200t	—	2350t 470万元
	污液18000t	—	折液肥18000t 540万元

表 3-7　年榨蔗 10 万吨糖厂年产生滤泥 50000t

处理方式	形成污染源	环保代价	折肥料及价值
全部未处理	50000t 臭泥	排 NH_3 1000t,CO_2 12000t	—
制造 BFA 复混肥	—	—	16500t,3200 万元

表 3-8　日产 40 吨酒精厂年产生废水 14 万吨

处理方式	形成污染源	环保代价	折肥料及价值
直接排掉	14 万吨臭液	排放 1400 万立方米污水	—
制造 BFA 复混肥	—	—	15400t,3000 万元

表 3-9　日产 50 吨纸浆加工厂一年产生废液 15 万吨

处理方式	形成污染源	环保代价	折肥料及价值
直接排掉	15 万吨黑液	排放 1500 万立方米污水	—
制造 BFA 复混肥	—	—	16500t,3200 万元

　　以上述五种工农业有机废弃物回收制造优质有机无机复混肥料（BFA 复混肥），对国家的环保事业和绿色 GDP 增量将产生令人震撼的贡献量。

　　表 3-10 是将表 3-5～表 3-9 五个表汇总再放大到全国规模。从表中可以看到，将工农业有机废弃物回收制造有机无机复混肥料，每种大宗品种（废弃物）都能产生数以佰亿元计的绿色 GDP 增量，而这仅仅是以 5 种物料（产业）为例，与多达数十种大宗废弃物品种相比是个零头。

　　当然上述绿色 GDP 增量是个理论计算值，即"用得干干净净"，而事实上是做不到的。但这个计算具有重要意义，提醒我们：在有机废弃物转化为有机无机复混肥料方面，究竟有多少宝贵

表 3-10　全国五大有机污染源及其转化为优质有机无机复混肥的价值

项目	全国产生有机废弃物		直排造成污染	理论折复肥及价值
	单位计算年生成量	全国总量		
农田秸秆	1000 亩 1500t 干物质	6.5 亿吨	排 CO_2 7.2 亿吨 耗 O_2 5.4 亿吨	7.15 亿吨 1.4 万亿元
养猪业	1 万头存栏 9000t 固体污染	1 亿吨	污染水体 400 亿立方米	3230 万吨 600 亿元
糖厂滤泥	年榨 10 万吨 滤泥 5 万吨	250 万吨	排 NH_3 5 万吨 CO_2 60 亿吨	82.5 万吨 16.5 亿元
酒精废液	日产 40t 酒精 14 万吨臭液	0.3 亿吨	污染水体 35 亿立方米	330 万吨 60 亿元
造纸黑液	日产 50t 纸浆 15 万吨黑液	0.3 亿吨	污染水体 30 亿立方米	330 万吨 60 亿元

资源可以挖。同时也警示业界，拿那么多钱建那么多化学肥料厂同时，可以分出一笔来做有机废弃物造肥的研究和制造？

3. 有机无机复混肥是我国肥料产业改革和发展的方向

肥料产品有许多新的选择和创新品种，例如生物肥、作物"调理肥"、药肥、特殊元素（如硒）肥、液态（管道输送）肥、海藻素肥等，这些肥种中某些品种在一些发达国家也有成为大宗肥的。但根据我国国情，笔者认为：有机无机复混肥料才是我国今后大宗肥品的主流产品。原因有以下几点。

（1）有机无机复混肥价格适宜、性价比高、适应范围广，是最有希望得到推广普及的肥种。

（2）有机无机复混肥制造工艺较简单，与化肥厂相比较固定资产投资少、耗能低，适于民营企业的投资。

（3）我国每年数十亿吨有机废弃物的生成量，既是有机无机复混肥料用之不竭的原料，又促使更多大型有机肥和有机无机复混肥生产线的投产，这些生产线可能大多是由产生废弃物的企业参与投建的，还有利于政府对这个行业实行扶持政策。

（4）化肥厂要找出路。随着农业的进步和社会对环保的强化，以及国家低碳经济方针的推动，纯化学肥料行销天下的好日子不会太久了。但化肥厂也有许多优势：固定资产的优势、销售网络的优势、研发队伍的优势、资金的优势等，一旦形势逼得他们要改革，他们最优先的选择必定是做有机无机复混肥料，这个转变对他们来说代价最小、衔接最快，且很容易占据有利位置：在每千克有机无机复混肥料中，有 0.4kg 左右还是他们的老产品化肥。

鉴于以上四点分析，很自然的得出结论：以有机无机复混肥料为主导的农资肥料市场不会很久就将形成，那种年产销几千万吨有机无机复混肥料的壮观场面的到来，既是农者之福，也是国家之幸。我们有理由相信：BFA 有机无机复混肥料必能在这个宏伟壮阔的舞台上担当红"角"！

第七节　目前我国有机无机复混肥产业存在的问题

有机无机复混肥产业的形成在我国仅仅十几年，至今它还是众多肥料厂和肥料设备厂在不断研究探索的课题。为了找到最适应有机无机复混肥料的工艺方法，保证该肥种规范、优质、稳定的生产，有必要对该产品生产中普遍存在的问题进行探讨。

（1）原料有机肥的质量标准落后，用"有机质含量"的指标不能反映该原料是否经有效发酵。这导致人们在复混肥生产中"合法"地用未经发酵的有机质料当原料，制造出无机和有机指标都合格的劣质产品。现在像泥炭粉、风化煤粉、糖厂滤泥粉、酒精废液浓缩液、喷雾干燥粉等被直接用于有机无机复混肥制造的现象还很严重，这不但损害了广大用户的利益，还损坏了这个肥种的声誉。

(2) 原料化肥的剂型问题。在有机无机复混肥生产中，原料化肥的剂型如果是粗颗粒，混料前原料化肥必须先粉碎，这不但增加生产成本，还造成化肥的流失。所以选择的化肥最好是粉状或小颗粒（直径1.5mm以内）。目前，有的肥种（例如尿素和氯化钾）在农资市场很难买到这种剂型，如向化肥厂订货专供，小批量（例如几吨十几吨）则化肥厂不乐意做，大批量定做则给复混肥厂带来沉重的负担。这是需要有责任心的化肥厂家来解决的问题。

(3) 生产线还沿用纯化学原料复混肥的成套设备，即：圆盘造粒（或滚筒造粒）——高温烘干及其大量配套设备。这种工艺是先造出含水率50%左右的颗粒，再经几百度高温的滚筒烘干机烘干，而后经分筛，冷却而成产品。这种工艺使有机肥丧失活性，从而使复混肥肥效打了折扣，更谈不上改良土壤；另一方面是使车间文明生产水平很差。

(4) 关键设备的创新和定型问题。这方面造粒设备问题较大。先将复混肥料的新老造粒设备，一起列表比较（表3-11）。

其实表3-11设备中，后三种设备用于有机无机复混肥造粒都是比较合理的，但往往难于达到满意的效果。原因是各厂物料性状差异大，造成设备不适用，例如物料粗纤维含量高，就不适用于抛圆造粒机；物料中砂粒等硬物多，就不适用于干式挤压造粒机，在机械化施肥地区，干式挤压造粒也行不通。还有场地小

表3-11　肥料造粒设备比较

设备种类	颗粒评价	单机产能	要求含水率	后续干燥温度	其余问题
圆盘造粒	球状较好	高	约50%	高温	总能耗高
滚筒造粒	球状较好	高	约50%	高温	总能耗高
干式挤压造粒	柱状卖相差	较高	约12%	免	机损大
分段功能滚筒	球状较好	较高	约35%	中温	总占地面积大
抛圆造粒	球状好	较小	约25%	中低温	单产较低

的厂就摆不下分段功能滚筒造粒机，因为它后面还需摆两条中温滚筒烘干机（加燃煤炉和射流风机）。两条关键设备如下。

① 有机无机复混肥造粒机　预计，有机无机复混肥料造粒机的机型，在短时期内难于像化肥生产线那样"立正，向右看齐"。但是各种造粒机型的生产厂如何通过用户的使用反馈，不断地改进现有机型，推出新的更节能适用范围更广的机型，才是今后很长一段时间内要做的事。

② 烘干设备　目前有机无机复混肥料的烘干还是基本沿用化学复混肥料的滚筒烘干设备。

化肥滚筒烘干设备的优点是产能大、设备比较定型、维修保养较简单。在这个机型的基础上，根据有机无机复混肥料的温度要求（出口料温<90℃、进口风温<250℃）做一些改进，是目前的主要办法。这其中加入大风量射流风机，或热风与物料逆流运动等，都是可供选用的措施。

在烘干技术上，设备制造厂还可以根据用户的情况，做一些能源的适应性改变。例如大型食品或轻工工厂均有大量烟道尾气或剩余蒸汽，在这类厂自办复混肥料厂时，就可以利用这些热气到烘干设备，而不需再设计巨大的烧煤热风炉。甚至可以考虑做一种自动化烘干平台（几百平方米），烟道尾气走台下，台上有翻料机、带排风系统，这种烘干效果可能比一台直径 1.8m 的滚筒烘干机更快更好。还有的地方（例如华北和西北地区）每年大部分时间气候干燥、阳光充足，能否制造一些"半开放"烘干系统，把矿石能源热能与干燥的自然环境扩散水分的功能结合起来，使有机无机复混肥的干燥达到高效节能。

总之，在有机无机复混肥料的干燥技术方面，还有很多探索的空间，设备制造厂应该打破"滚筒烘干"的老框框，从大型有机废弃物产生企业入手，利用他们的有利条件，制造一些既专用，通过适当调整结构又能多用的有机无机复混肥烘干设备。

第四章
生物腐植酸技术在零排放
生物发酵床养猪的应用

第一节　发酵床养猪模式的原理及技术简介

　　零排放生物发酵床养猪技术近几年悄然兴起，BFA技术是在这种养猪模式中应用效果最好的技术之一。这种养猪模式的内容和优点可从养猪户中以下流传的一首歌谣中体会。

新法养猪，

无臭无污；

垫床安睡，

菌剂口服；

省工节水，

不惧寒暑；

免去洗扫，

应激消除；

消灾祛病，

少用药物；

猪肉味美，

广开销路；

垫料造肥，

又增收入；

花园猪场，

谁不羡慕！

本技术模式利用自然界或工农业有机废弃物，如谷壳、锯末、刨花、蔗渣粉、玉米秸、树皮、树叶等，以及少量米糠，与 QS 发酵剂（BFA 的分支产品）充分混合建堆发酵后，铺进猪舍形成垫床，将猪引入垫床生活，同时给猪口服配套菌剂，改善猪的肠道"内生态"。垫料和猪粪都含有多种有益微生物，其组合能快速分解猪粪尿，而猪粪尿又给微生物生存繁殖提供营养，使物料垫床形成一个良性循环的"小生物圈"，也即形成生态垫床。为论述方便，以下称此养猪模式为"QS模式"。

如此，猪生活在良好的生态环境中，回归猪的生物学特性，必然病害少，消化吸收能力强，猪只的增重和猪肉品质都优于传统养猪模式。因为零排放无臭味，可节省大部分劳动力和用水，免除了传统猪场几乎全部的环保开支。因此"QS 模式"是经济效益环保效益俱佳的新型养猪模式。

第二节　发酵床养猪模式的技术要点

1. 猪舍的建造或改造

猪场内栏舍的垫床区按每头中、大猪 $1.2m^2$，每头断乳小猪

$0.8m^2$，一般按每栏 12～40 头猪设计垫床区，该区将铺入 0.65～0.7m 厚垫料，由此再设计食槽、围栏和饮水嘴区，并注意使泄漏水直接排出栏外，不能浸渍垫料。

图 4-1 是生态垫床猪舍结构图。

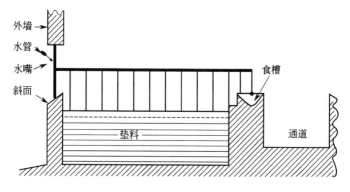

图 4-1　生态垫床猪舍结构图

水嘴斜面结构比较简单，成本低，但高温季节猪常咬住水嘴喷水降温，使水喷湿垫料。为避免出现这种情况，应在水嘴源头水管加装一个悬挂式抽水水箱，去掉控制出水口的拉杆和橡胶膜球，只留浮球，见图 4-2。或在水源后加装一个减压阀。这样使水嘴水压控制在较低范围，即使猪咬开水嘴，水只会流出而不会喷射出来，加上水嘴下的斜面，就能保证水不会弄湿垫料。

猪舍建造或改建注意以下几点：

（1）站台（包括食槽占位）宽度与垫床宽度比为 1：2，站台比垫床面高 5cm 左右。图 4-3 是一个栏舍的布置图。

（2）站台台面距屋顶（金字架横梁）3～4m。

（3）要通风良好，猪场屋总宽不超过 11m，主窗南北向，有

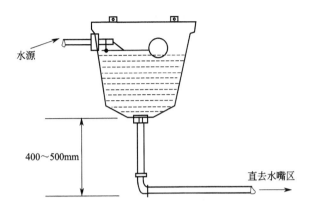

图 4-2 猪场水箱控制水压示意图

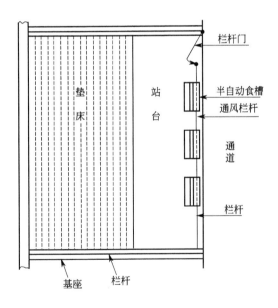

图 4-3 猪场栏舍布置图

利于夏秋季通风良好，并适度考虑自然采光。有条件的猪场可安装"水帘——排风"降温系统。

（4）饮水嘴下应有向外斜下的墙洞以防饮水漏入圈内。

（5）如猪舍处于干燥高地，可以把垫床区向下挖，以节省基建费用。旧猪舍改造仅加高围栏和采食站台，同时按要求做好饮水区结构和通风降温系统。

（6）自制半自动食槽出料口宽 3～8cm，干料窄，湿料宽，最好用厚镀锌板制造，见图 4-4。

（7）育仔母猪舍每头母猪栏约 5m²，约 2m 宽，2.5m 深。其中站台 2.6m²，另一边建食槽和小猪保温箱。

（8）猪舍屋顶应有防晒隔热层和引导热空气升出的窗位。具体应以各业主资金实力和当地特点为参考。

2. 垫料制作

垫料主料的来源要因地制宜，寻找干燥松散略带弹性的有机碎屑，粗细搭配。将主料与"QS"发酵剂加水混合，使水分含量在 50%～55%（即手捏能成团皮肤有湿润感但手指缝不渗水，掉地即散）。混合后堆成约 1.2m 高梯形堆，覆盖保温半透气物料（如厚草簾上盖薄膜），使堆温升至 60℃以上后，待堆温下降三天（共7～8d）即可开堆。将这些物料铺入已建好的猪舍垫床区。如没有适当场地发酵物料，可在该猪舍内发酵建堆，发酵完成后把该垫料直接摊开铺好踩实。

以谷壳木糠为主料的配方如下（其他物料可参照）：谷壳 40kg、木糠 54kg、米糠 6kg、QS 发酵剂 0.5～1kg。

其他可采用的物料如：经破碎花生壳、玉米秸秆、老玉米

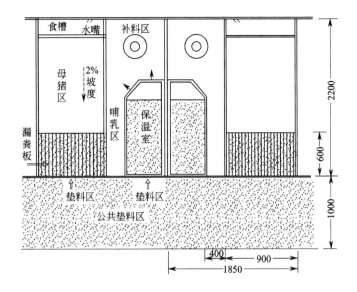

图 4-4　哺乳期母猪舍平面图（单位：mm）

注：麻点区为发酵垫床，漏类板距垫料 3～5cm，保温室可做成活动构件，由水泥或木板刻成，摆在垫料面上。漏类板和保温室下的垫料由人工定时清理到公共垫料区，用公共垫料区干料与之交换。图中尺寸仅供参考。

芯、小麦秆、棉籽壳、木薯秆、棉花秆、干碎树叶、草本泥炭等。

3. 日常管理

（1）垫料铺设两天后，待表层温度下降至 45℃ 以下，即可进猪。

（2）小猪进栏时开始喂食配套口服菌剂。按每吨饲料配用 250g，在喂食前混入饲料中。在进入中猪（体重 60kg 以上）阶段，口服菌剂可逐渐减用，到大猪阶段每吨饲料只用 150g，或仍按原比例，但两天中应停用一天。

（3）开始猪只一般会趋向同一位置排粪，应人工散粪引导猪分散排粪。如出现不能分散排粪情况，应经常把湿料挖出散到各处，再填入拌了发酵剂的干料。

（4）垫床使用一段时间后会被踩低，应补充一些发酵料使其加厚至0.65～0.7m，以利于采食。少量加入垫料的操作方法：将主物料、米糠和QS发酵剂干拌后加入旧垫料翻动混合。

（5）猪入舍后对其进行驱虫及免疫，并结合保健工作。

（6）使用配套口服剂后，可以大大减少向饲料添加抗生素。具体灵活掌握。

（7）垫料的更换 本模式垫料可使用1～2年，期间因踩踏太实应人工翻铲3～4次，一般在出猪后。并将集中排粪的垫料（约占垫床面积的五分之一）提前挖出做肥料，加入新的垫料。如果有条件使用该垫料加工生物有机肥，则可在使用9～12个月期间内更换新发酵垫料，以便取得更高经济效益。

（8）夏秋高温季节应开启全部通风设施，不要翻动垫料，并注意适当向垫料表面洒水以防止产生粉尘。

（9）一般基建时应考虑大小猪舍数量配套，每大小栏面积比为3∶2，以便在大猪出栏后把小猪栏中已长大拥挤的猪群整栏转移到大猪栏。

（10）北方地区冬季应注意水管保温防冻，最好使水管系统在靠墙根的垫料下穿过。

（11）猪出栏后进入新猪前，应对栏舍（包括垫料表面）进行例行消毒。

第三节　发酵床养猪模式的主要功效和经济效益分析

1. 发酵床养猪模式主要功效

（1）无臭，无粪尿污水排放，对内外环境均无污染；

（2）免建化粪池或沼气池，节省大量基建费用；

（3）节省人工60％，节水70％以上；

（4）病害大幅下降，节省医药费用60％以上，并有利于生产绿色食品；

（5）保育期小猪成活率提高10％以上；

（6）饲料转化率提高，同比养猪饲料成本下降；

（7）垫料如利用作生物有机肥，经济效益更高。

2. "QS模式"的主要技术数据

（1）栏舍内垫床面积，每头断乳小猪占 $0.8m^2$，中大猪占 $1.2m^2$。

（2）垫床高 $0.65\sim0.7m$，每平方米垫床用主料140～150kg（价格约60元），用QS发酵剂1～1.2kg约10元；加上人工，每平方米垫床费用共约80元，按每年换1次垫料计，摊到每头商品猪，约为27元/头。

（3）配套口服菌剂　前期每吨饲料用250g，后期减用一半，摊到每头商品猪，约为10元/头。

（4）按中等档次猪栏基建水准计，存栏1000头的新建猪场节省基建费用约5万元。

（5）料肉比同比下降5％左右。

（6）旧垫料经简单加工可成为优质有机肥，每吨售价约700元。

3. "QS 模式"经济效益分析

见表4-1 所示。

表 4-1　"QS 模式"经济效益分析　　　　单位：元

项　　目	正　　项	负　　项
节省人工	15	
节水	6	
节省饲料	15	
节省医药费、降低死亡率	15	
肥料收入	46	
基建环保等节省	10	
垫料总支出		27
口服菌剂支出		10
合计收益：正项－负项＝70 元		

注：以上正项未计生态垫床养猪猪肉品质提高带来的经济效益，也未计及政府对环保型养猪场的支持资金。均以每头商品猪分析计算。

第四节　利用旧垫料制造生物有机肥

生态垫床的垫料可使用1～2年，但如有条件可在使用 9 个月后更换，以从垫料变肥料方面获得经济效益。

旧垫料富含腐植酸、有益微生物和丰富的作物所需营养成分（$N+P_2O_5+K_2O \geqslant 7\%$），是优质的生物有机肥。该垫料虽然还含 35％左右水分，经粉碎后装袋，却能长时间保持不变质、不发臭，适宜保存、运输、销售。每平方米垫床每次可起出垫料约 300kg。大猪场可附设生物有机肥厂，用专用烘干机或场地晒干后旧垫料干至含水 20％左右，经粉碎装袋后，就成生物有机肥，每吨价值 1000 元以上。

现根据各猪场的不同条件描述旧垫料的各种消化方式（图 4-5，图 4-6）。

旧垫料不能自己消化利用的猪场

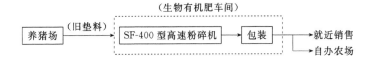

图 4-5 旧垫料能够自己消化利用的猪场

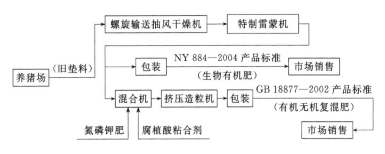

图 4-6 大型养猪场自办肥料厂的情况

对于自办生物有机肥车间甚至有机无机复混肥厂的养猪场，应联系有关技术人员帮助设计生产线和设备的安装调试，使大型猪场实现一场两产业（猪、肥）。

科学技术就是生产力，"QS" 模式养猪技术将推动养猪业的技术革命和更大规模的发展，使养猪业从被撵得到处跑的"污染大户"黑名单中彻底抹掉，使养猪场变成令人愉快的"花园农场"和"农业观光园",使养猪业者踏入洁净文明的殿堂。

第五节　零排放生物发酵床养猪"QS 模式"的推广

从该养猪模式显示的经济效益和环保效益来看,从国家对农业重大污染源的严格监管和处罚措施来看,零排放生物发酵床养猪模式彻底取代传统养猪模式只是时间问题了。之所以这个进程看来不尽如人意,主要因为存在以下几方面和干扰或障碍。

(1)鱼龙混杂,一些未经多次验证适用的发酵剂也参加该养殖模式的推广中,造成除臭效果差;有的技术则是冬天好夏天(垫料),温度过高使猪不能倒卧。

(2)有的技术只宣传垫料,不配套合适的口服菌剂。口服菌剂应符合四个条件,一是猪吃了大便不臭(通过有益菌消化猪只肠道中的粪臭素);二是口服菌剂与垫料发酵菌相容相协同;三是有利于提高饲料转化率;四是使用成本低。但有的推广单位忽略了这一条,或者口服菌剂价格高得不适于推广。也有的养猪户以为垫料不臭,为节约成本就不用口服菌。

(3)多数推广单位对用户技术服务不够,有些由养殖户操作不当或设施缺陷造成的问题得不到及时纠正,导致该养猪方法达不到预定的效果。

(4)垫料出路得不到解决。一个存栏 1 万头的猪场,每年起出的旧垫料多达近万立方米,没有及时解决出路,旧垫料如何处置已成为一大难题。

(5)政府管理机关的指导、扶持和宣传的问题。例如:该模式养出的猪,肉质确实比传统方法养的猪要高一个档次,政府应该稍加支持，帮助进行化验分析和公布，让该模式的猪卖出高价。再如：政府如何帮助大中养猪场策划建立（或合作）办生物有机肥料厂？如这种事办好，新型养猪业与绿色环保肥料业将两业兴旺，对当地经济和养猪业都有好处。另外，该模式养猪风险低、管理简便、猪肥两旺，完全不污染环境，应在新农村建设中进行推广。村里统一规划建猪舍，让村民投（集）资养猪，因用工少，一个人可以管理 500 头猪，这样就可以统一管理、统一销售。于是，一个让农村繁荣起来的猪肥双兼产业便形成了。总之，推广这一新型养猪模式，完全可以成为新农村建设的一项内容。

第六节　新型猪肥两业并举案例设计

传统的养猪场，哪怕是存栏几万头的场，都很少考虑开办肥料厂。通常人们的做法是：猪粪取出来贱价让人拉走，而剩下的污水粪液就没人来拉了，只好搞个厌氧池或沼气池。沼气节省不少燃料费，但沼水的处理又是一个难题。一天产生几十吨上百吨沼水，如挖几个氧化塘、水葫芦塘、养鱼塘等来消化，这既浪费土地，也不能彻底解决污染问题。以上即为大中型传统养猪场的窘境。

实行零排放生物发酵床养猪和生物有机肥厂，这个问题就迎刃而解了：不仅不必为猪粪水发愁，还可以通过生产肥料又赚一大笔钱。以下是一个存栏 2 万头猪场附建肥料厂的 BFA 技术模式的设计案例。

1. 猪场规模

平均每头猪占用垫舍 $1.35m^2$，实际分摊房舍面积 $1.8m^2$；

2 万头存栏需用猪舍 3.6 万平方米，加管理、仓库等配套建设约需增加 10% 面积，共 4 万平方米；

土地面积 4 万平方米 $\times 180\%$ = 7.2 万平方米（合 108 亩）。

2. 养猪产值利润测算

存栏 2 万头，年出栏 6 万头，按每头 120kg 计，产值约 3600 万元。

按正常猪价、正常饲料价，年利润约 15%，则年利润为 540 万元。

3. 旧垫料制造生物有机肥项目及其经济效益

（1）每年旧垫料为：$0.6m^3$/头 $\times$ 2 万头 = 1.2 万立方米（含水 40%）$\longrightarrow$ 9600t

（2）可生产生物有机肥量及产值

9600t 旧垫料（含水 40%）$\longrightarrow$ 生物有机肥（含水 30%）8200t

8200t $\times$ 1200 元/t = 984 万元

（3）生物有机肥成本核算

垫料物料价：80 元/$m^2 \times 3.6 \times 10^4 m^2$ = 288 万元

加工成本：150 元/t $\times$ 8200t = 123 万元

包装费：60 元/t $\times$ 8200t = 49.2 万元

每年 8200 吨生物有机肥总成本 = （288＋123＋49.2）= 460.2 万元

（4）每年销售成本占销售价 5% 即 49.2 万元。

（5）实际该肥料厂年利润　984－（460.2＋49.2）= 474.6

万元

（6）生物有机肥厂的发酵车间就在猪舍，每天生产用料按计划到指定猪舍取料或由猪场送来，根本不需原材料仓库，这个肥料厂只需建干燥和粉碎生产线，以及一个成品仓库，总占地面积约 1500m²，设备投资约 50 万元，总投入非常小。

可见，来源于生物有机肥料厂的肥料利润是正常年分猪场全部利润的 88％，这相当于 1.8 万头存栏猪场全年的利润。还应指出：该规模的猪场年生猪利润 540 万元。而每年肥料利润近 470 万元是稳定的，效益非常可观。

第七节　发酵床养猪对区域经济带动的设计实例

我国养猪业是国内畜禽养殖业之首，总规模世界第一。其产生的废弃物总量及造成的环境污染也是非常严重的。十几年前把养猪业从城市周边调整到农村，又从农村赶到山区结果环境污染问题出现了暂时好转。现在，成熟的"零排放"生物发酵床养猪技术和模式的出现，更好的解决了废弃物对环境的污染影响。

本节以笔者工作所在的福建省诏安县为背景，分析县域经济零排放养猪及其相关产业的联动态势，可以说明发酵床养猪不但可以大力振兴养猪事业，还将对区域经济产生强力带动作用。

一、在诏安县发展零排放养猪业的可行性

诏安县地处闽南，气候温和，夏无酷暑冬无严寒，这种气候很适合零排放养猪业的发展。

诏安现有三条交通主干线横贯境内，其中一条是 G324，一

条是 G27（高速），一条是即将运行的厦深高铁，还有纵贯南北的省道。另外还有南端梅岭港，现有数千吨码头泊位多个。这些十分便捷的交通网，可以应付任何规模的养殖和加工业的需要。

诏安县属农业县，但工业已颇具规模，形成以 G324 线为轴心的东西走向的工业产业群；而沿省道线两侧的则是从北到南的大量农业群。这种产业布局为该县大规模养猪业提供了土地资源和肉产品基础市场。更重要的是诏安东西两翼分布着海西大中城市群，东到福州，西到深圳、广州及香港，中间有大量城市，都在 50km 半径范围内。还有我国台湾，诏安梅岭港距离台湾高雄330 海里，快轮一夜可达。这些是大规模肉产品基地极其可观的市场群。

从诏安内部来说，大量民间资金和城市投资资金瞄准好的大宗农业项目，大量"非打工劳动力"或称"家门口劳动力"的存在，成了守护家园而无业可从的劳动力资源。充分的资金和人力资源，是当地大力发展零排放养猪业的重要条件。

过去像诏安这么一个地域，养 5 万头猪就会使全县到处臭烘烘的，但是采用零排放养猪，即使存栏 20 万头，也不会使诏安的空气和水质质量产生轻微的变化，这是诏安可以大力发展零排放养猪的环保因素。

大力发展零排放养猪，诏安还有其得天独厚的条件：在诏安有中国农科院农业环境和可持续发展研究所挂钩指导的单位如福建省诏安县绿洲生化有限公司，其为零排放养猪技术的开扩者之一，可以作为当地发展该养猪模式的技术支撑，也就是说在诏安办零排放养猪场，可以得到最好最及时的技术指导和服务。

传统养猪模式由于病害风险和环保反制，正逐渐走向式微，所以绿色环保型的养猪模式必然强劲发展。

二、关于诏安县发展零排放养猪及相关产业的具体建议

1. 产业群规模设计

（1）以总量存栏 20 万头为目标，扣除 5‰ 存栏种猪，1 年出栏商品猪约 57 万头，总产值约 6.8 亿元，仔猪 25 万头，总产值 1 亿元。

（2）建立配套饲料厂，年产量 20 万吨，净产值（产值减原料）3.2 亿元。

（3）建立后续加工肉联厂，向两省大中城市、香港和台湾输送解冻肉，年产量 5 万吨，净产值（出项减进项）3.2 亿元。

（4）建立后续加工生物有机肥料厂，年产量 10 万吨生物有机肥料，年产值 1.5 亿元。

2. 实施方案

（1）20 万头存栏，占地需 1000 亩（1 亩＝667m²）。可以在建设乡、太平镇（诏安山区乡镇）各安排 5 万头存栏，每个乡镇又分 2～3 个分场，每个分场存栏 1.5 万～2 万头。在金星乡和四都镇（诏安沿海乡镇）各安排 5 万头存栏，每个乡镇又分 2 个场，每个场安排 2 万～3 万头。还可鼓励各农村集中建几百到几千头的养猪场。

（2）饲料厂可建两个，一个在建设乡火车货运站附近，年产 10 万吨，一个建在梅岭镇，距码头 2km 之内，年产 10 万吨。

（3）肉联厂可建在桥东镇，临国道及高速路口处，最好是西

山农场的范围内。日屠宰量生猪 600 头，肉牛 100 头。因为诏安可能会发展肉牛基地达 3 万头存栏。

（4）建 2 个生物有机肥厂，每年生产 5 万吨。其中一个厂就以绿洲生化有限公司为基础扩建，在金都工业集中区与丁寮水库之间，占地约 50 亩，另一个建在建设乡，占地 50 亩。分两处建厂有利于肥料就近在农业集中区销售，也方便一个厂辐射东北云霄东山的枇杷和芦笋基地，另一个厂辐射北侧的平和县的蜜柚和茶产区。

3. 政府的介入和扶持

以上仅仅是个人的建议，实际规划还需县政府组织专门调研组进行考察，规划报有关部门审议后，纳入政府工作规划执行。

但这项规划能否落实，政府的主动介入和扶持是起主要作用的因素。尤其是政府扶持，如各产业用地、有关的资金补贴、税收优惠、技术服务（重点是疫病防控和良种库）、人员培训、舆论宣传、资金引导市场推介等。

三、在诏安县建设零排放养猪产业的重大意义

零排放养猪大县的建成，使诏安成为海西经济繁荣带上一颗闪亮的明星，它是肉类食品大型绿色生产基地、饲料生产基地、绿色环保肥料基地及优质蔬菜和果品基地。这些只是直接的成果表现。随着上述产业的繁荣发展，我们将看到诏安发生更大、更深刻的变化。

（1）以零排放养猪业为核心的"生态农业工业园"这一崭新的产业模式将一个又一个在这里孵化出生。

（2）大量稳定而廉价的猪肉资源，加上诏安特有的大量海洋水产养殖资源、遍及民间的每年几百万羽的灰鹅资源，以及随着生物有机肥料稳定供应而激发的更大规模的绿色农产品产业的巨大发展，为"诏安食品工业城"的形成创造了充分条件。诏安本来就是多项传统知名美食的产地，加上这些得天独厚的条件，一个规模巨大、技术先进、在海西经济区举足轻重的"食品工业城"将在十二五期间显露雏形。

（3）对诏安新农村建设的促进作用。社会主义新农村建设的本质内涵是农业的现代化和农民的安定富裕。以规模零排放养猪为动力而形成的相关产业群的崛起，为当地农民提供了在家门口就业的机会，也为他们提供了参与相关产业投资创业或合作的机会。因为在这个巨大的产业群中几乎每家农户都有机会参与其中某个生产环节的生产和经营，不必担心产品的后加工和销路，不必单独面对莫测的市场。例如参加村里组织的"零排放养猪合作社"，农户出了钱就是股东、猪有人养，有人来买，饲料有企业来供应，股东既可以被集体雇作猪场管理员，也可以不参与猪场管理。

第五章
生物腐植酸液体肥料

第一节 生物腐植酸液的含义和来源

生物腐植酸液剂（有机水溶肥料）不用 BFA 冠名，是为了避免误以为是由 BFA 发酵而来的。但由于其源头也是微生物发酵，并且功能物质是活性腐植酸（黄腐酸），所以称为"生物腐植酸"，因其存在形态是液态，故称之为"生物腐植酸液剂"。

一些工业产品生产过程中产生的大量废液，含有丰富的水溶有机物质（包括腐植酸），排到环境 COD 值很高，造成严重的污染。常见的这类废液是：糖蜜酒精废液、糖蜜酵母废液、糖蜜味精废液、造纸黑液、大型沼气池沼液等。如果把这些废液加以浓缩，将其水分减去绝大部分，留下来的有机物质和其他内含物就可以派上大用场。其中最可行的、最低成本的转化就是将其变成肥料。因为肥料有一个重要特质——广大农业市场需要它，这就和前述的"大量"衔接上了。所以对一般大量有机废液来说，最主要的出路之一就是将其变成肥料。

可惜的是事情并不是浓缩后就拿去做肥料那么简单。上述这类废液通常干物质浓度都在 10% 以下，要浓缩到有应用价值，干物质含量至少要达到 45％以上。每日几百吨、上千吨废液的处理量，目前可行的工业方法就是负压高温蒸发。例如设置三效或四效浓缩罐浓缩系统，以尽可能多地使水分蒸发排掉。这些废液经过长时间（几个小时）的高温作用，使原本具有一定生理活性的水溶有机质及其腐植酸分子团纠结而钝化，直接用到肥料领域不但价值不高，还会造成土壤酸化和板结。

解决这个问题的方法之一是重新对该浓缩液进行发酵，这在前面章节中的一个配方案例中提到过。实践证明，将浓缩液作为固体发酵的配料，BFA 能对这部分浓缩液进行发酵，其在发酵前那种黏性几乎全部丧失，手感也很干爽，这种肥料经多次大田试验证明有超乎想象的肥效，证明 BFA 能在一定条件下对这种浓缩物进行发酵，并将其变成优质有机肥。

但上述方法只能做固体肥（有机肥），其使用价值相当于有机肥料，每吨一千元左右。如果采用液状形态，提高其生理活性，成为类似浓缩腐植酸液的物质，那价值就会更高。

这就产生解决这个问题的方法之二：在液态状态下，通过增氧搅拌等措施，用 BFA 来发酵。这个方法虽可行，但必须把浓度稀释才能发酵，且过程必须几天，也比较耗能。

解决这个问题的方法之三：用合适的强活化剂对这种浓缩液边氧化边活化，使其分子团分裂并增加甲氧基和氢键等功能团，这和 FA 的微观结构比较相似。事实证明：这种方法能将浓缩液的分子团结构和理化特性作很大的改变。图 5-1～图 5-3 是酒精废液浓缩液活化与未活化的一系列形态对比照片。

从图 5-1 可以看出：右边一滴酒精废液浓缩液滴入烧杯中，已沉入水深的三分之二，还呈紧密分条状，而左边经活化的一滴

图 5-1　活化液与未活化液形态对比（a）

图 5-2　活化液与未活化液形态对比（b）

废液浓缩液沉入水深的二分之一，已呈疏松分散丫状；图 5-2 则显示：右边沉入杯底的原浓缩液先堆积在杯底中心，才慢慢向外

20滴活化液　　　　　　20滴浓缩原液

图 5-3　活化液与未活化液形态对比（c）

蔓延，而左边沉入杯底的活化浓缩液，未到杯底已向周围扩散；图 5-3 显示：同样是 20 滴液，在相同容量水中，原浓缩液的溶液呈深橙色，而活化浓缩液的溶液则呈浅橙色，色度浅了许多。

通过多次种子发芽试验，也证实经活化的浓缩液确实比原浓缩液具有更强的生理活性。

由于方法三的工艺简单，活化时间短（仅 45min），加工成本比重新发酵要低许多，因而能以这种方法应用于工业化生产，借此生产出具有生物腐植酸"个性"的浓缩腐植酸液。

在一些企业也有用"碱提酸中和"法从生物腐植酸粉剂中提取生物腐植酸液剂，这是"生化黄腐酸"之源头。

两种提取方法各有特点。如果生产厂有大量酒精废液不用而使用"碱提酸中和法"，显然不是最佳途径。如果另一个生产厂附近几百公里都得不到废液浓缩液资源而自己手头又有生物腐植酸粉生产能力，显然他会不假思索地采用"碱提酸中和"法去取得他的"生化黄腐酸"。至于两者的质量之比较如何？笔者的经验是：两者不加营养物质时，生理活性在伯仲间，但前者（活化液）螯合化肥微肥营养元素的能力要强些，制得的饱和液肥比重要大些。

本书后续将主要就"活化液"腐植酸及其应用展开讨论。

生物腐植酸液剂再提取干物质来应用，代价太高。因为类似物质在含水量低于40％以后，水分逸出能非常高。即使高温烘烤也很难使它彻底干燥，只有高温喷雾才得以干燥。而高温是黄腐酸等生物活性物质所忌的。所以采用高温喷雾干燥法使生物腐植酸液变成粉剂，将是得不偿失的。

第二节　生物腐植酸液剂与液体肥料生产

实验证明，要使50g可水溶有机质（其中70％是黄腐酸）干物质全部溶于水，即形成饱和溶液，需用43g去离子水。也就是说当用100g含水50％的生物腐植酸液剂做溶剂去溶解其他物质时，在饱和的情况下，理论上只有7g水可用于溶解其他水溶物质，43g是被其自身水溶干物质所用。实验验证，14g尿素 [$CO(NH_2)_2$]、5.6g一水硫酸锌（$ZnSO_4 \cdot H_2O$）、3.8g一水硫酸锰（$MnSO_4 \cdot H_2O$）和1.2g硼酸（H_3BO_3）的混合物共24.6g需用59.3g去离子水才能制成饱和溶液。有趣的是：100g生物腐植酸液剂（自身含干物质50g）可以和上述24.6g混合物混合成不产生沉淀物的溶液。仅能提供7g水的液剂，却似乎起了59.3g水的溶剂作用。这就是活性腐植酸神奇之处，这就是FA的螯合能力。

大量实验得知，生物腐植酸液剂做液体肥料的溶剂，其对矿质营养物质的相容性强于其他常用肥料溶剂；另一方面，多次纯生物腐植酸液剂与原浓缩液、腐植酸钠、氨基酸等物质的种子试验对比，发现生物腐植酸液剂的生物活性都优于上述其他品种。说明用生物腐植酸液剂制造液体肥料，具备两项最重要的功能：一是液剂自身有较好的生物活性，有利于刺激作物生长和提高品质；二是具有对矿质营养的超强螯合功能，利于这些营养元素被溶合、输送和吸收。

本节先介绍该肥种——生物腐植酸液体肥料的生产方法，图5-4是该生产工艺流程。

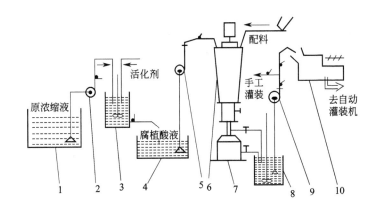

图 5-4　生物腐植酸液体肥料工艺流程

1—原浓缩液池（70～120m³）；2，5，9—不锈钢无堵塞泵；3—反应罐
（自制1.5m³）；4—活化液池（30～50m³）；6—锥形双螺杆混料机（0.1～1m³）；
7—胶体磨（5～10kg/min）；8—搅拌池（自制0.8m³）；10—高位槽

原浓缩液活化，转化为生物腐植酸液剂的技术已注册为发明专利，在此不便详加介绍。以下介绍该液肥生产中几个重要环节。

1. 设备选择

（1）锥形混料机　选用双螺杆式适应物料的多相性（有液相，有固相）和较高的黏稠度。

（2）胶体磨　在连续生产中，难免有少量矿质营养物料得不到溶解。在球阀打开后，这些胶体形态的沉渣将被压倒出料筒的底端。在已溶解料通过出料筒中部阀门直接溶入搅拌池后，关掉球阀，打开胶体磨（这时出料筒中部的出料阀门不能关），使沉渣被磨为细浆再溶入搅拌池，同时打开搅拌桨直至本池料被抽灌完毕。

（3）灌装机应选用适应黏性液料的自动灌装机。

（4）在代号"9"的泵后，应有一条手工灌装线，方便大桶装的品种进行人工灌装。

2. 原材料选用

（1）原浓缩液的进货　原浓缩液应达到一定的干物质含量，一般掌握在 48%～52%，也即水分含量为 48%～52%，一般用波美度计测得波美度 28～30 即可。干物质含量太高，在饱和度以内，后续矿质营养物料加不到设计值，干物质含量不够，不仅保证不了产品中有机质和腐植酸的含量，还会使池中原腐植酸液表面迅速霉变，从而使原浓缩液运输贮存发酸发臭，导致产品质量下降。

（2）其他矿质营养物料　应对来料进行严格的抽检，以确保其营养含量达到设计值。如果忽略了这个环节，将使产品虽达到饱和度，但矿质营养成分严重不达标。另外对一些物料，例如锌盐、锰盐，应化验其有害元素的含量。笔者曾因忽略这一项，导致二十几吨产品镉含量大于允许值的几十倍，造成十几万元的经济损失。

3. 车间的布置及产能

在车间布置中，原浓缩液池、活化反应罐和活化液池应布置在车间一头，中间部分布置混料、搅拌和灌装生产线，车间另一头布置化肥原料转存区包装物和成品暂存区。中间的生产线应为一半以上空地、以备产量提高后再布置一条"混料——搅拌——灌装线"。每条灌装线包括 3 组：一组袋装、一组瓶灌装、一组大桶装。

这样安排，车间面积应为 15m×(40～50)m 为宜。

图 5-5 为年产 1000t（单班）生物腐植酸液体肥料生产车间布置图。

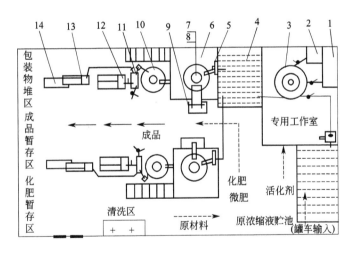

图 5-5　年产 1000t（单班）生物腐植酸液体肥料生产车间布置图

1—存料桶 A；2—存料桶 B；3—反应罐；4—活化液贮池；5—无阻塞泵（共 4 台）；

6—工作平台；7—锥形混料机；8—胶体磨；9—提升机；10—搅拌罐；

11—高位槽；12—袋装罐装机；13—瓶装灌装机；14—操作台

如果布置 2 条生产线，班产可达到 3.6t，约 360 箱（袋装和瓶装每箱计一箱，大桶装每桶计一箱）。年产（按单班计）1000t 约 1.0 万箱，产值约 600 万～800 万元。生物腐植酸液体肥料车间全部固定资产（不包括仓库和土地）约 70 万元。

第三节　生物腐植酸液体肥料技术指标及执行标准

以废糖蜜深加工，制造酒精、酵母和味精，能排放的废液浓缩成含水分 50% 的浓缩液，经转化成生物腐植酸液剂，再由此液剂制造液体肥料，都可以达到如下技术指标：

① 水可溶有机质 $\geqslant$190g/L；

② $N+P_2O_5+K_2O\geqslant$130g/L；

③（Cu、Fe、Zn、Mn、B、Mo）总量 $\geqslant$35g/L；

④ 水不溶物 $\leqslant$50g/L；

⑤ pH 值为 4～6。

国家现行的有关腐植酸水溶液体肥料标准是 NY1106—2010，其技术指标是：

① 腐植酸含量 $\geqslant$30g/L（大量元素型）；

② 大量元素含量 $\geqslant$200g/L；

③ 水不溶物 $\leqslant$50g/L；

④ pH 值为 4～9。

对比这两组技术指标可以发现：如果把第一组技术指标中的约 123g/L 的黄腐酸（有机质占 65%）算腐植酸，并把其稀释到 60g/L 左右，再取消第一组技术指标中的微量元素，把大量元素含量提上来就行了，那么用生物腐植酸液剂制造出符合 NY1106—2010 标准的含腐植酸水溶肥料，显然比矿物腐植酸容易得多。也就是说，用生物腐植酸液剂制造液体肥料，沿用农业部标准即可。还要另制标准是因为一个多年来未解决的行业难题。虽然全世界都承认黄腐酸是腐植酸，但是黄腐酸的检测方法不能沿用腐植酸的检测方法。

腐植酸是通过碱溶酸沉淀提取后用氧化还原滴定法而测出，现在行业内通行的黄腐酸检测是通过水溶物加氧化剂，记录碳消化掉多少氧化剂，算出含碳量，再用碳系数间接算出黄腐酸含量。碳系数是多少，有的单位用 0.4，有的则用 0.5。另一点，也有不少学者质疑：水溶且含碳的物质就全是黄腐酸吗？由于这些学术界短时间内不能解决的问题，农业部的专家在制定"含腐植酸水溶肥料"标准时，不把黄腐酸类物质的水溶肥料产品纳入其中，但也是一种无奈之举。

以有机废弃物通过科学的方法制作肥料，就会产生黄腐酸，且这类黄腐酸还是有机水溶物质发挥作用的"主力军"，这是应该正视的。大量有机废弃物资源的利用是关系低碳经济和国计民生的大事，这是应该提倡和扶持的。于是就在农业部有关管理部门的关注和指导下，形成了一个"有机水溶性液肥"，"有机无机水溶性液肥"这一类的标准，这就反映到本节第一组的技术指标。该组指标考虑到大量元素，也考虑到微量元素，以此为基础还可以制定出全大量元素，或全微量元素的生物腐植酸液肥的技术标准。这类标准目前还是以企业标准报农业及质量监督部门审批的形式在使用。

第四节　生物腐植酸液体肥料的生产工艺

在设计生物腐植酸液体肥料时，要遵循以下几个原则。

（1）最终产品中必须有一定含量的水溶有机质，这不仅为了保证符合技术指标，也是这种肥种的技术优势；

（2）所有物料混合后，产品应该是"类饱和"溶液或自然悬浮状，不能有大量沉淀；

（3）加入的物料中不能有相拮抗的成分；

（4）想办法减少或杜绝产品封装后胀气。

具体产品设计中要考虑产品的目标市场（或作物），调配各大量元素的比例，要加入一些微量元素等。以下用一个案例来表达设计过程和设计技巧。

案例一　设计本肥种"通用型"产品的配方。

思考线索一，既是通用型，应是大量元素与微量元素并用，微量元素中选锌、锰、硼，考虑拮抗问题，不用磷肥，因为磷酸锌是难溶性。

思考线索二，设计中要有必要的基本数据，例如生物腐植酸液剂中含有多少 N 和 K_2O？其他矿物营养物质中相关元素含量是多少，以及混料机每批最大容量是多少；设计的基础可以是以 100kg 为单位，也可以是以混料机一批容积为单位。

本案例中每批按混料机用腐植酸液 250kg。

第一步：根据技术标准确定各有效成分含量，有机质暂不定。

$$(N+K_2O)=140g/L \longrightarrow \begin{cases} N=80g/L \xrightarrow{\text{转化}} 6.45\% \\ K_2O=60g/L \longrightarrow 4.84\% \end{cases}$$

$$Zn+Mn+B=36g/L \longrightarrow \begin{cases} Zn=24g/L \longrightarrow 1.94\% \\ Mn=10g/L \longrightarrow 0.8\% \\ B=2g/L \longrightarrow 0.16\% \end{cases}$$

此百分比转换为了计算,基础是产品比例为1.24。

第二步:列表设计(未修正),根据经验按总量320kg设计(表5-1)。

表5-1　腐植酸液肥配方设计表　　　　单位:kg

物　料	重量	N	K_2O	Zn	Mn	B	有机质
腐植酸液	250	4.2	11.5				60
82%KOH液	6		4.1				
$CO(NH_2)_2$	35.7	16.44					
$ZnSO_4 \cdot H_2O$	17.4			6.2			
$MnSO_4 \cdot H_2O$	11.1				2.56		
H_3BO_3	2.97					0.51	
合计	323.2	20.64	15.6	6.2	2.56	0.51	60

第三步:验算。从经验或实测得,本案例液体肥料比例为1.24,也即每升为1240g。

从表5-1可知:

有机质含量=50kg/323.2kg=191.8g/L

N含量=20.64kg/323.2kg=79.29g/L

K_2O含量=15.6kg/323.2kg=59.9g/L

Zn含量=6.2kg/323.2kg=23.89g/L

Mn 含量＝2.56kg/323.2kg ＝9.89g/L

B 含量＝0.51kg/323.2kg ＝1.96g/L

说明：设计各成分含量略低于标准要求，但都在误差范围内，本设计可行。但从保险考虑有效成分宁超勿减，故实际设计方案改为：

腐植酸液 250kg　　　KOH(82％) 6kg　CO(NH$_2$)$_2$ 36.0kg
ZnSO$_4$ · H$_2$O 17.6kg　MnSO$_4$ · H$_2$O 11.3kg　　H$_3$BO$_3$ 3kg

然后再复算一次，如原未达标的各成分达到标准，有机质不低于 190g/L，即可认为设计成功。

由于液肥标准是以升（L）计，而各物料是以重量为单位投入，所以一般配方制得的成品的比重是核算最终每升含量的基础数据，这个数据必须在实践中去摸索和掌握。

案例二：设计茉莉花专用生物腐植酸液体肥料。

茉莉花专用液肥主要功能是促进产花量上升，并保养植株强壮，所以必须考虑用磷肥，这样就不能用锌肥了，且氮含量适中，否则开花虽多，叶片太旺遮挡视线影响采花，用户也不满意。

设计：本液体肥料中各有效成分含量见表 5-2 设计所示（按总重 335kg 计算）

有机质暂不定。

$$(N＋P_2O_5＋K_2O)＝260g/L \begin{cases} N＝100g/L \longrightarrow 8\％ \\ P_2O_5＝100g/L \longrightarrow 8\％ \\ K_2O＝60g/L \longrightarrow 4.8\％ \end{cases}$$

B＝3g/L $\longrightarrow$ 0.24％

表 5-2　茉莉花生物腐植酸液肥配方设计　　　单位：kg

物　　料	重量	N	P_2O_5	K_2O	B	有机质
腐植酸液	250	4.2		11.5		60
82%KOH 液	6.6			4.5		
$CO(NH_2)_2$	26.3	12.12				
$(NH_4)_2HPO_4$	58.26	10.48	26.8			
H_3BO_3	4.68				0.8	
合计	335①	26.8	26.8	16	0.8	60

① 实际总物料重为 345.8kg。

　　实际各物料重量之和为 345.8kg。由于表中各成分含量是按 335kg 总量计算的，现在实际物料总量已是 345.8kg，原预定的成分含量已达不到，作修正表（如表 5-3），把总量提到高于 345.8kg，才能达到，设定总量为 355kg。

表 5-3　茉莉花专用液体肥设计修正表　　　单位：kg

物　　料	重量	N	P_2O_5	K_2O	B	有机质
腐植酸液	250	4.2		11.5		60
82%KOH 液	8			5.5		
$CO(NH_2)_2$	28.5	13.1				
$(NH_4)_2HPO_4$	61.7	11.1	28.4			
H_3BO_3	4.97				0.85	
合计	355 / 353.2	28.4	28.4	17	0.85	60

　　验算一：实际总重量为 $250 + 8 + 28.5 + 61.7 + 4.97 = 353.2$kg。

比设计总重量略小（可保证各含量达标），又非常接近（基本上不增加成本），说明修正设计成功。

验算二：有机质含量＝60kg/353.17kg＝212g/L。

有机质含量符合标准。

通过两道验算，确定以修正表作本肥种的设计方案。

实际上通过电脑这些预设计和修正在很短时间内就能完成。所以多元素多原料液体肥料设计计算要有三个前提：一是知道溶液的基本成分；二是知道达到含量标准的产品的比例；三是初步掌握用多少溶剂液可得多少产品。

液体肥料配制工艺，应根据各物料的含量和溶解度确定投料顺序。在注入腐植酸液和KOH后，开动锥形混料机，按占比例少的料先投以及难溶料先投的原则，直到最后一种料投入并反应2.5～3h后，完成混溶工序。

在锥形混料机下端安装不锈钢球阀，球阀下端安装过渡筒，筒的中上部位开口接通搅拌池的管道，当管道上的阀门打开时，混合液流入搅拌池，待混合液流尽后，开动胶体磨，把沉积在过渡筒下部半胶体物料磨成浆状排入搅拌池，搅拌池在灌装过程不停止搅拌，以保证料液均匀。本肥种生产中，由于原料浓缩液每批的内含物、原存放时间等都不一致，加上生产过程季节不同，气温也不同，造成活化液与肥料原料混合，有时会产生少量气体，这并不影响产品质量，但灌装后会产生胀气。这种情况在高温季节较易出现。解决的办法是：大桶装灌桶后不拧紧桶盖，静置几天后再入仓；瓶装在瓶盖结构上应精心设计，使之能出气而不漏液。另外，瓶和桶尽量使用圆形或大圆角结构。

第五节　生物腐植酸液体肥料的特性、功效和使用方法

生物腐植酸液体肥料是一种集活性腐植酸和植物所需矿质营养元素于一体的速溶全溶液体肥料，在对入 10 倍以上的水后，其不溶于水的物质不超过肥料总量的 1%，因此它是适用于给作物快速补充营养元素（首先是水溶碳肥）的根外施肥的肥种，当然，出于特别的需要，也可以冲施根施。

该肥种的功效主要有以下几点。

（1）适于给作物"进补"，缺什么补什么。尤其是微量元素，经活性腐植酸的螯合输送，被吸收率比用水液输送提高 30% 以上。

（2）促进作物光合作用和营养积累。与氨基酸类营养液比较，作物叶片"上绿"或许晚 2~3d，但作物叶片肯定比氨基酸方案明显增厚，且弹性（不是脆性）增强。

（3）提高作物防病抗逆机能的作用显著。由于活性腐植酸的调节促进，以及营养成分的均衡补充，使作物生长壮旺，其生命力旺盛所表达的生物碱等生物气息物质浓度强烈，有害菌和害虫避忌或不能在其上繁殖。在自然灾害发生后，这些作物的复壮机能也特别强。这一作用在各种叶面喷施肥料的比较中是特别突出的。

（4）同农药混用，既节省用工成本，还能提高药效降低药物残留，生物腐植酸液体肥料与农药的这种协同关系，是其他叶面喷施肥料无法比拟的。其作用机理为：生物腐植酸液体肥料与大

多数农药具有相溶性，黄腐酸的强力浸入性使药物成分迅速铺展到靶标生物的表面，侵蚀破坏了靶标生物表皮对药物的抗性（耐药性的主要原因），同时还大大增加了药物与靶标生物表面的有效接触面积。这使药效提高几倍甚至几十倍。由于农药的有效成分处于黄腐酸等小分子有机质分子的螯合之中，不是游离状态，不容易长驱直入到植物的内部组织中去，所以暴露在空气中的这些药物成分经光分解和氧化等作用，分子结构起了变化，毒性下降。如被食用之前经水洗等处理，农药残留更容易被清除。

（5）修补和复壮功能　例如台风来袭，水果的果皮、果壳被擦伤病菌就会趁机而入，这是台风过后大量落果的主要原因。如果台风后立即喷施本液肥，大量落果的现象就不会发生，等到果实成熟，观察果壳，很难看出被擦伤过的痕迹。

（6）该肥料提高产品品质的功效特别突出，这包括内在品质和外观，还能使一些品种提前采收。这一功能的价值远大于其提高作物产量的价值。例如茶叶可能因此提高了一个档次，每斤售价提高上百元；食用菌因此提高档次减少淘汰率，经济效益提高率远远大于产量的提高率。

（7）安全性　该肥种不使用化学激素，肥效平和温厚，对作物既不造成损伤，又不使其疯长，即使个别用户使用不当（例如浓度极大），出现暂时的抑制，只要及时喷水就能恢复过来。正因为如此，一些茶叶产地为了防止滥用激素，政府明令禁用叶面喷施肥，但生物腐植酸液体肥料还是在这种地方被公开使用。

正因为该肥种上述的特性和功效，使其可以在各种经济作物，以及大多数作物的各段物候期被使用。当然，要达到最佳的使用效果，还是要掌握其以下基本使用要点。

(1) 要配合作物物候期应用，最能体现使用效果。例如果树的促梢施肥期、幼果膨大期、果实着色期；茶叶的幼芽初萌期、每批采摘后；瓜类幼果期到采摘前 10 天；豆类每次采摘后等。正因为如此，有的作物几天就要喷 1 次（例如蘑菇），有的作物 15～20 天喷 1 次，有的作物可能一年只需喷 2 次。

(2) 注重配制作物专用液肥，是最能显示该液肥功效之处，因为本肥种的主要功能是"补不足"，不是提供全价养分。

(3) 兑水倍数的掌握。一般要求使用时兑水 600～1000 倍，这主要是指合理性和经济性，例如兑水 400 倍，其效果就不一定比 600 倍好，当然就选用 600 倍。所以兑水倍数是一个经济合理值。使用中嫩叶幼苗兑水倍数大，大叶粗枝兑水倍数小。促进萌芽期兑水倍数大，需肥旺盛期兑水倍数少。以此类推，灵活掌握。

(4) 注意加强与农药协同使用。

(5) 用于风灾、冻害、旱灾等的抢救。

(6) 加强在经济效益特佳的作物中的应用研究。随着市场经济的发育，农业领域特殊新产品层出不穷。例如名贵中药材种植、观赏型花卉瓜果种植、无土栽培作物、水上作物、特种食用菌等。可以说生物腐植酸液体肥料在这一系列农业新宠中都有极佳使用价值，用之一定锦上添花，甚至效益倍增。但是具体使用方法需要相关专业人员深入探索，灵活应变。

(7) 保苗壮苗　用作移苗的浸根水或植入的定根水，幼苗成活率高，根系强壮生长快。一些枝插繁殖作物，插入前用 400～600 倍液肥浸泡 4～8h，效果也就特别好。

(8) 也可以作冲施肥，管道滴灌肥的辅助肥种。

第六节 利用果菜基地或批发市场废弃物制造液体肥料

果菜基地及大型果菜批发市场烂菜烂果，产生量很大，例如寿光的蔬菜批发市场，每天晚上都会清理运出十几卡车腐烂果菜。再如广西、云南、海南的香蕉产区，产蕉季节后大量香蕉秸秆都会给当地环境造成很大问题。对于这些大批量果菜废物，比较简单又适用的处理技术就是压榨，榨渣运去有机肥厂做原料，榨液集中发酵成液体肥料，再借助罐车或管道输送到农作物种植区通过管道输送，进行喷灌或滴灌。

本书第一章图1-5就是这种处理的示意图。本节再就有关技术要点做补充说明。

1. 操作流程

废弃果菜及经破碎的香蕉秆经输送带进入压榨机，榨液流入集液池，榨渣运去有机肥厂参与固体肥料发酵。

集液池的液汁经泵输送到发酵池或发酵罐，加入BFA发酵剂和其他配料，进行发酵。发酵物输送到液肥池集中贮存。

液肥池经沉淀后，液体即液体肥通过罐车运到农户田头承液池，由农户抽送到农田。有条件的地方可由配肥站管理。将液肥混配以化肥成高浓度营养液肥，经管道输送到农户田头。

2. 发酵环节

果菜榨汁虽然含有丰富的营养物质，但不一定适合发酵。关键是有机营养物质的浓度和液中的碳氮比。根据经验，液汁中有机质浓度为 2.5％～5％，碳氮比为 15～30，加入 BFA 后，就可能发酵起来。碳氮比可通过加淀粉或尿素来调节。但如果环境温度在 20℃以下，也即液汁处于低温状态，必须设法提高液汁温度到 20℃以上。如果使用发酵罐，可利用夹层通热水的方法提升液温至 25℃以上，则 3 天内可以发酵完成。如果使用大水泥池，北方地区应加盖塑料大棚提高温度。

另一个影响发酵的因素是氧气。发酵罐要加装空压机强制输氧，才能在短时间内完成发酵。如果是用敞开的大水泥池（深度 3m 以内），也可不输氧，但发酵时间要达到 7 天左右。

3. 残渣和沉淀物的处理

为了不造成输送管道的堵塞，在各个转换环节都应设置对残渣和沉淀物的拦阻和提取装置。

本加工系统将大幅度减少果菜产区的烂果菜造成的环境问题和病害传播，净化、美化农业产区，同时开辟了一种新的优质有机肥源，为果菜生产提高质量、降低成本做出贡献。具体流程见图 5-6

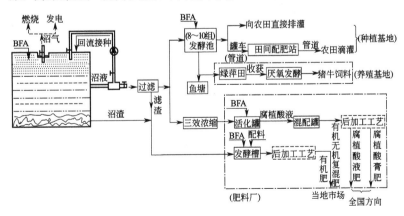

图 5-6　大型沼气池废渣废液资源化利用技术路线

所示。

另外，如大型沼气池装备沼气发电机组，希望增加产气量。实践证明向沼气池添加 BFA，可明显增加产气，减少沼渣。

第七节　生物腐植酸与糖业产业节能减排循环经济模式

一、糖业产业发展的环保瓶颈

糖业产业的发展遇到了十分严峻的环保瓶颈。一直以来糖业产业就是出了名的"污染大户"，各糖业相关企业都不同程度地存在固体、液体、气体废弃物对环境的污染问题。近十年来，随着人们环保意识的增强和国家对环境污染治理法规的陆续推行，大多数糖业企业都重视了对"三废"的治理，尤其在废气治理方面总体来说卓有成效。许多企业对固体、液体废弃物的治理也投入了大量资源。但由于技术路线不先进、不实用，治理的情况不甚理想：有的是对外排污达标了，但治理投入过大，没有回报，企业不堪重负；有的是治理结果达不到预期效果，对环境污染还在继续。客观地说，全区糖业产业废弃物治理的形势仍然严峻，不但未能达到环保要求，制约了该产业的进一步发展，不少企业还面临因对环境污染问题不能解决将被逼关停。因此，寻找到一种适合糖业产业特点的、能彻底解决废弃物的零排放的，治理过程还能少亏损或不亏损甚至盈利的，可以持续运用的治理技术，是许多企业的共识。

二、生物腐植酸技术与糖业产业主要废弃物的回收利用

1. 对蔗渣粉（蔗髓）的利用转化

蔗渣粉不能用于造纸，传统的解决办法是作为锅炉的补充燃料。蔗渣粉热值很低（只有标准煤的三分之一），又容易产生更多粉尘。因此对蔗渣粉这种回收利用办法是不合理的。如果以生物腐植酸技术利用蔗渣粉，可以将其改造为高效土壤改良剂（每亩土地每年用 5kg 左右）、肥料增效剂、有机肥发酵剂、作物抗逆生根剂，每吨售价可达 8000 元左右。

2. 对滤泥的利用转化

关于糖厂滤泥，过去各厂的处理办法多是"分散法"，低价值地送给附近群众，拉去下地（相当于秸秆还田，改良土壤）、喂鱼喂鸭子，但是利用价值都很低。现在各地工业化建设用工很多，工价不断提升，农村劳动力短缺，因此这种"分散法"就越来越不灵了。也有一些糖厂用滤泥直接参与做有机无机复混肥。由于滤泥未经有效发酵，肥效不高，施入土壤还容易造成作物肥伤，因此这种办法也不能推广。滤泥还有一个特殊问题，就是量大，一个糖厂每日产生几百吨滤泥，榨季每天源源不断产生，没有一种"大"的解决办法是不行的。也有人想到发酵法做成有机肥，但许多发酵法周期都在 20d 以上，这期间必须翻堆 3～4 次。以 20d 周期为例，一个糖厂一个发酵周期就得摆放 1 万余吨滤泥发酵物，光发酵场就得占用几万平方米土地，加上二十部翻堆机，投资巨额，让许多糖厂望而生畏。生物腐植酸技术的应用改

变了这一切。用生物腐植酸作发酵剂发酵滤泥，发酵周期短（7d）、免翻堆、效果好（有机碳溶出物提高50％），使大量滤泥转化为有机肥成为可能。以这种滤泥有机肥为原料生产有机无机复混肥，活性腐植酸含量高、肥料养分利用率可提高50％以上，还保留大量有益活菌，改良土壤效果十分突出，是优质绿色环保肥料，这是适用现代农业的新型肥料，市场十分广阔。因此，生物腐植酸技术的应用是彻底解决糖厂大量滤泥回收利用的先进而实用的途径。

3. 对糖蜜废液的利用转化

糖蜜（加工后的）废液是糖业产业排放的重大污染源。几十年来对这种废液的治理方案层出不穷，但至今没有一种方案得到普遍推广。生物腐植酸技术使这种困境得以解决。其处理目标是：把废液变成肥料。其处理措施分两种：一种是把废液浓缩成含水分50％的浓缩液，然后将其改性，成为腐植酸液，再加入化肥或微量元素，成为腐植酸液肥。另一种是将含水分50％的浓缩液按30％的量同滤泥加干鸡粪（或废烟丝末和磷矿粉）混合后用 BFA 发酵成为有机肥，还可再与化肥合成复混肥原料，经冷挤压造粒形成腐植酸有机无机复混肥。这就利用 BFA 技术把大量废液一步步"压缩"到复混肥料中去。后一种措施可以解决大酒精（味精、酵母）厂大量废液的及时彻底回收利用问题，实现有害物质的零排放。

三、糖业产业应用生物腐植酸技术前景

1. 生物腐植酸技术转化糖业废弃物的主要目标

生物腐植酸技术的应用，从工艺上解决了糖业产业大量废弃物的彻底回收利用，达到有害物质的零排放。这就为糖业产业节能减排提供了新思路、新出路。

生物腐植酸技术对糖业产业主要废弃物利用转化的主要目标，是有机无机复混肥料，这种肥料用于糖业甘蔗基地，不但为蔗田提供优质肥料，还把从蔗田带走的各种微量元素和有机质补回蔗田，完成了物质循环，不但有利于减少污染物（包括温室气体）排放，还有利于甘蔗产量和质量的提高。据试验，应用这种肥料，甘蔗亩产量提高 10％，甘蔗含糖量提高 0.5％～1％。两个提高使蔗农效益提高 10％，使糖厂制糖效益提高 4％～8％。

2. 生物腐植酸技术的生产工艺优势

由于生物腐植酸特性所决定，其产品及衍生产品（肥料）生产中，必须保持腐植酸和微生物的活性，生产工艺过程必须避免高温，因而所规定的生产工艺和选用设备都是亚高温和常温的，这在客观上减少了设备投资，降低了能耗，降低了生产成本。

生物腐植酸技术的应用具有广泛的适应性，可以根据各企业的不同情况实行"技术模块组装"。例如：

（1）可以单独处理滤泥，生产有机无机复混肥；

（2）可以单独处理糖蜜废液，生产腐植酸液和腐植酸液肥；

（3）可以在 A 企业处理滤泥生产有机肥，又在 B 企业处理糖蜜废液生产腐植酸液或超浓缩液，然后由 C 企业"组装"有机无机复混肥；

（4）可以在一个企业里处理滤泥，又处理糖蜜废液，再"组装"成有机无机复混肥，同时生产腐植酸液肥；

（5）有的企业还可以利用自己的资源生产有机肥发酵剂

（BFA 粉）供其他企业发酵滤泥，也可以自己同时生产有机无机复混肥。

上述各种技术都已有成熟的生产工艺和对应的技术装备，各有关企业移植该技术时不必走重新探索的弯路，基本上都可以实现年初投建榨季投产，第二年便有经济效益。

3. 糖业产业应用生物腐植酸技术几种产品介绍

糖业产业应用生物腐植酸技术模式中的几种产品概括介绍如表 5-4 所示。

表 5-4　糖业废弃物回收利用产物

产　　品	主要功能	参考价/(元/t)
生物腐植酸（粉）	土壤改良剂、有机肥发酵剂、肥料增效剂	8000～10000
腐植酸浓缩液	液肥原料、肥料增效剂	3500
腐植酸液肥	作物冲施、喷施剂、养殖肥水剂	7000～10000
滤泥有机肥	土壤改良剂、基肥	800～1000
有机无机复混肥	有改良土壤功效的肥料、基肥、追肥	2000～2200

4. 小结

生物腐植酸技术对糖业产业废弃物的回收利用，可生产出适应多方面需要的产品性能优越的多种产品。不但使困扰糖业产业多年的滤泥、糖蜜废液等废弃物实现彻底回收利用，还能使治理企业获得良好的经济效益。对有些糖厂酒精厂来说，一次治理可以实现一厂变两厂，效益翻一番。该技术的介绍推广给广西糖业产业送来了及时雨，必将为该产业的技术改造和结构调整提供可靠的技术支持，使该产业发展的瓶颈得以解脱，从而迎来新的发展黄金时期。

第八节　一个糖业集团废液的
科学转化利用实例

每个大中型糖厂生产期间每日产生糖蜜深加工废水 1000～2000t，该类废水 COD 高达 20000mg/L，是严重的污染源。当利用 BFA 技术把这种资源与糖业集团特有的产业结构相结合，就变成了宝贵的肥料原料。图 5-7 所示是这些高浓度废水在糖业集团各产业中的"流动"模式。

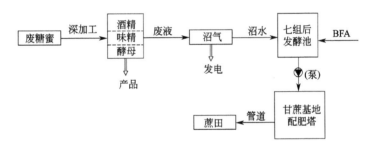

图 5-7　糖蜜深加工废液的就地消化利用

这种模式的主要特点是：就地消化。除了一些管道，不须其他运输工具，完全做到零排放，没有废水废气排向环境。

笔者曾亲自参与广西某糖业集团这项规划的研讨论证工作，在参观其运行后，对其巨大的经济效益和环保效益十分惊叹。在一个榨季内，该设施系统为电网贡献 500 多万度电，获得经济效益近 250 万元，这是"小头"，"大头"在后面。沼气罐排出的沼水，经二次发酵后，共向甘蔗地贡献了约 30 万吨沼水肥，等于回收了约 7500t 氮磷钾，节省了 16000t 普通化肥，价值约 3680 万元，还有约 15000t 经充分发酵的有机质，按"碳"肥计为

8700t，如果按其改良土壤和供碳二项功能计，每吨碳肥的价格应是化肥的两倍以上，即这部分有机质肥的价值约为4000万元！

以上是沼水利用的肥料价值。另外，经二次发酵沼水灌施的甘蔗，单产可增加15%左右，这是蔗农的收入。每亩年增收约250元，该甘蔗地每年将为农民增收约3000万元。经这种施肥，甘蔗含糖量（即产糖）至少提高一个百分点，这是糖厂在不提高成本的情况下增加的收入。该甘蔗基地每年将为糖业集团增加纯利4000万元。

之所以形成如此不可思议的环保效益和经济效益，这里有两个关键点：一是该糖业集团的特殊条件，其糖厂是个大型厂，日榨量是4万吨甘蔗，能形成巨大的待开发能源和肥源——废液。同时该厂周围有十几万亩甘蔗地，形成了吸纳消化大量水肥的天然容器。二是在关节点上应用了关键技术——BFA，使每日2000t沼液在几乎不再使用能源，在"无声无息"中变成可直接使用的水肥。如果不通过这个转化而直接向蔗田灌沼水，这些蔗田几年后将变成荒地。

第六章
生物腐植酸高浓度液肥

第一节　生物腐植酸高浓度液肥的特性及其作用

　　生物腐植酸高浓度液肥是生物腐植酸液体肥料的派生品种。由于其干物质含量高，表现出该肥种特有的膏状特性，习惯称之为"膏肥"。生物腐植酸液体肥料虽好，但其取代不了"大肥"（化肥、有机无机复混肥）。随着农业现代化进程的加快。施肥自动化、水肥一体化已是一种发展方向。有机无机复混肥不适于水肥一体化作业。化肥也必须"入水"才能应用于自动化随水灌溉，但化肥"入水"而用了，如何解决有机质"入水"呢？能否用液体肥料？这又多了一道配肥和计算程序，这在肥料商和用户之间插上了一道难题。于是一种集水溶有机质和高含量矿质营养成分于一体的可以取代化肥的全水溶肥料——腐植酸膏肥登上肥料市场大舞台。

　　以成分和功能来看，腐植酸膏肥和 BFA 有机无机复混肥是一类的。但再细化分析：腐植酸膏肥的全部物质都是水可溶，而BFA 有机无机复混肥则不是全部水可溶。在农业现代化进程中，施肥自动化、水肥一体化是大势所趋。不能刚解决固体化肥给土壤和作物造成的问题，又出来一个液体化肥给土壤和作物造成的问题。因此在"水施"作业中，水溶有机质随矿质营养一起"入水"是题中之意。这就是使用腐植酸膏肥的意义所在。

腐植酸膏肥的技术特点是：有相当含量的水可溶有机质，其中70％是活性腐植酸；矿质营养含量相当于中等营养含量的化肥。由于营养成分利用率能提高30％～40％，这种膏肥实际增产功能相当于高营养含量的化肥。

在施用腐植酸膏肥时，既供肥，又改良土壤，既解决了作物的"粮食"，又提高了作物产品的内在品质。

应该说，腐植酸膏肥这个肥料的研制是被农业市场施肥作业的变革所推动的。在大规模大田作物的施肥自动化，传统的联合机械带着化肥或有机无机复混肥施用，还是可以应付的。但对多数经济作物，在丘陵地、水网地区、大棚作物区或今后将会大量出现的无土栽培中，这种自动化施肥方式就难以应付了。而形势又发展很快，如南方几个省，多处出现连片万亩香蕉园，或连片几千亩葡萄园、马铃薯、甜玉米、胡萝卜等，施肥季节一到，不按自动化施肥，需要大量劳力。于是化肥随水从管道输送灌溉、滴灌的作业就相继出现。当然，农场主也清楚，这和单施化肥性质是一样的，但想要搭配有机肥，腐植酸膏肥非常适合，也说明腐植酸膏肥的主市场就是规模农业的管道施肥和经济作物的冲施施肥。

第二节　生物腐植酸高浓度液肥的质量指标

根据腐植酸膏肥的功能和市场需求，其成分必须满足：有一定含量的水溶有机质；有足够含量的大量元素营养成分；特殊专用肥还可加入些中微量元素或药物功能因子。由于膏肥中的水溶有机质来源于生物腐植酸液剂，所以它是液粉混合物。从使用方法和商业价值两方面考虑，必须经贮存不发霉不分层，有一定流淌性，也就是膏状物。

以上即为腐植酸膏肥的性状特征。

为了实现其使用功能，又保证其性状特征，经反复试验和试用，得到通用型腐植酸膏肥的有效成分含量是：水可溶有机质（其中黄腐酸占 60％）≥10％；（$N+P_2O_5+K_2O$）≥25％。

第三节　生物腐植酸高浓度液肥的设计和制作

腐植酸膏肥设计应考虑的几个因素：目标作物要求的 N、P_2O_5 和 K_2O 的配比；能配用的中微量元素肥与上述大量元素不产生拮抗；要配用能使物料均匀悬浮又有流淌性的均质剂。

现举例瓜类专用膏肥设计如下。

根据有关资料，一般瓜类追肥所需大量元素比例为：N：P_2O_5：$K_2O=2$：1：3，按 25％ 分配为：N：P_2O_5：$K_2O=8.34％$：$4.17％$：$12.51％$，另外，Mg 为 2％，B 为 0.2％。

据经验 250kg 腐植酸液配成以上含量膏肥，总重量约为 545kg（经验值）。膏肥有效成分含量用百分比表示，计算中不必考虑比例（表 6-1）。

表 6-1　瓜类专用膏肥设计表

原料	重量/kg	N/%	P₂O₅/%	K₂O/%	有机质/%	Mg/%	B%
腐植酸液	250	4.2		11.5	60		
82%KOH	6			4.1			
KH₂PO₄	45.65		22.73	15.05			
K₂SO₄	73.23			37.53			
CO(NH₂)₂	89.67	41.25					
MgCl₂	43.6					10.9	
H₃BO₃	7						1.1
合计	515.15	45.45	22.73	68.18	60	10.9	1.1

另加均质剂（BFA 细粉）6% 即 30.9kg，总重量实际为 515.15＋30.9＝546.1kg。

实际生产中可以取总量为 550kg，除均质剂外，功能物料总量 519kg，比实际计算值（515kg）多 4kg，分配给氮、磷、钾原料肥各加 1.3kg。计算：

$$N\% = (45.45 + 1.3 \times 0.46)/550 = 8.37\%$$

$$P_2O_5\% = (22.73 + 1.3 \times 0.51)/550 = 4.25\%$$

$$K_2O\% = (68.18 + 1.3 \times 0.34 + 1.3 \times 0.5)/550 = 12.6\%$$

$$Mg\% = 10.9/550 = 1.98\%$$

$$B\% = 1.1/550 = 0.2\%$$

$$有机质(\%) = (60 + 31 \times 0.6)/550 = 14.3\%$$

各项指标都接近设计值但在误差允许范围内本设计方案成立。

瓜类要补钙，但因钙与磷拮抗，在本配方中加钙肥会使膏肥混水后出现不溶沉淀物，造成堵塞滴灌口。因此，不能加钙肥，补钙问题应由农户另外施肥解决。

腐植酸膏肥制作设备和工艺过程大部分与腐植酸液肥相似，但有一个重要区别：腐植酸液肥在配方设计中按类饱和溶液配制，即在不采取特别措施时都不产生过饱和沉淀物；而腐植酸膏肥设计配方已按超饱和设计，一定有沉淀。在制作中采取两项措施使之不分层不沉淀：一是使全部功能物料混合后过胶体磨，一是过胶体磨后加入均质剂。但应保证制造后的产品在20倍水中，不溶物小于0.5%。

表6-2是作者几年来设计应用的几种作物腐植酸膏肥的配方。

表6-2　几种作物腐植酸膏肥配方　　　　单位：kg

原料\作物	果树（葡萄）	瓜类	香蕉	茉莉花	番茄、辣椒	桑树	土豆	甜玉米	茶叶	烟叶	甘蔗	豆类
腐植酸液	250	250	250	250	250	250	250	250	250	250	250	250
82%KOH	6	6	6	6	6	6	6	6	6	6	6	6
KCl	—	—	134.1	60.0	83.8	8.2	—	94.6	—	—	—	72.6
K_2SO_4	78.0	73.2	—	—	—	—	97.5	—	24.5	126.5	56.5	
KH_2PO_4	56.0	45.7	28.4[②]	62.2	32.0	82.1	54.8	33.0	55.0	12.0	24.6	55.4
$CO(NH_2)_2$	120.0	89.7	72.2	150.3	112.0	125.0	97.4	121.5	170.2	73.8	120.0	110.0
$MgCl_2$	55.0[①]	43.6	37.7	40.5	35.6	40.3	38.2	38.8	50.0[③]	50.0[③]	42.2	—
H_3BO_3	7.2	7.0	—	—	—	6.0	—	—	7.2	—	—	—
BFA细粉	26.0	24.4	27.0	28.0	30.0	28.0	26.5	28.3	28.8	26.5	27.5	26.0
合计	598.2	539.6	555.4	547.7	549.4	545.6	570.4	572.2	591.7	544.0	526.8	520.0

①原料按 $MgSO_4 \cdot H_2O$ 计；②原料按 K_2HPO_4 计；③原料按 $MgSO_4 \cdot H_2O$ 计。

第四节　生物腐植酸高浓度液肥的使用

生物腐植酸膏肥这个肥料因其良好的品质和对自动化水肥一体化现代农业设施的适应性，将会迅速扩大市场占有率，成为未来大规模经济作物种植中主要的肥料品种之一。因此有必要专门介绍这个肥料的使用问题。

1. 使用方向

替代化肥作追肥。主要适用于水肥一体化施肥方式，在经济作物中应用性价比最优。

2. 使用量的计算

同 BFA 有机无机复混肥料一样，它的使用量是与同成分比例的化肥比较而定的。由于它的营养元素利用率高，其用量与含量同 30%～40% 的化肥相当。也即大量元素含量 25% 的腐植酸膏肥，作物当季使用效果相当于同比例大量元素含量 33%～35% 的化肥，并且增加施碳肥的功能。以上是总用量的计算原则。

3. 使用方法

由于腐植酸膏肥是随水灌（滴）施，它不能像固体化肥那样在土壤中停滞一段时间。如果一次性使用较多，它会随水渗入土壤深层植物根系吸收不到。因此它在同一作物季的施用次数应比化肥多，而每次用量则比化肥少。这就是腐植酸膏肥的使用的重要原则：少量多餐，随水而行。

举个例子说明：

　　某作物理论追肥吸收期为 70d，每亩施化肥（营养含量 35％），分四次共 60kg，则施用营养含量 25％的腐植酸膏肥 9 次共 60kg。两类肥具体不同施用方法由图 6-1 显示。

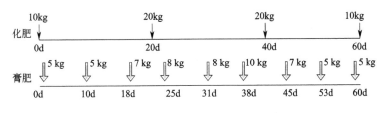

图 6-1　腐植酸膏肥施肥与化肥比较

　　以上是理论推算，在现实中应根据气候、劳务安排等作灵活调整，但每次都要做前后安排的总体规划，不断修正，达到次数偏多，总量要够。这样做比施化肥更简单，因为腐植酸膏肥是混入水中，在浇（灌）水时就施下去了。

　　在实际使用中，有些使用者处理方法比较草率，随便把膏肥倒入水池中搅几下就开闸放入管道去，或者往池中放个吸滤头就引入管道中，这都会引起堵塞。这不是腐植酸膏肥本身的问题，而是使用方法问题。以下介绍该肥种两种典型的管道输送方式。

　　（1）高位池直输类　适合中小规模和山坡果林（图 6-2）。

　　这类方式有两个要点：一是先在桶中用 20 倍水搅溶腐植酸膏肥，然后倒入水泥池中溶进大水体进入灌溉系统。二是水池应有一个 10cm 高的沉淀空间，输液口安在距离池底 10cm 的位置，以便少量不溶物沉入池底，定期清理掉。

　　（2）射流吸滤泵灌类　适合大规模农灌管网（图 6-3）。

　　该方法先在预混池将腐植酸膏肥用 100 倍左右的清水混溶，

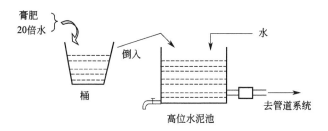

图 6-2　腐植酸膏肥使用之高位池直输法

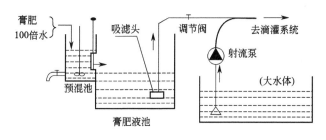

图 6-3　腐植酸膏肥使用之射流吸滤泵输送法

从排液口将膏肥水液排入"膏肥液池"，这是完全均匀的无阻塞不沉淀的肥液。当系统射流泵工作进行灌溉时，肥液通过吸滤头被吸入管道随水而行。使用中可根据水泵运转时间能灌溉多少面积，在这段时间内通过调节阀控制被带走多少肥液，推算出能带走多少膏肥。

　　这种施肥方式要摸索出几个有关数据，精确调节好调节阀的位置（或旋开圈数），以确保膏肥被均匀分配到各灌（滴）水点，不出现施肥不均现象。

　　还有一类是少量随意性的使用：使用者可计算本块土地要使用多少膏肥，使用多少担水，决定每担水加入多少膏肥，这样直接把每桶水分得的膏肥加进去，混匀，用浇施法直接给植株灌根，类似农民使用粪水肥的方法。

第五节　生物腐植酸高浓度液肥在现代化农业中的作用

与腐植酸液体肥料不同的是，腐植酸膏肥可以做成大肥品种。因为它可以在许多情况下替代化肥，这个用量就比根外施肥肥种大许多倍。这就带来一个直接的结果：被回收利用的废液更多，对减少环境污染的贡献就更大。

每制造 1t 腐植酸膏肥，就要用 450kg 左右的废液浓缩液，相当于减排 COD168kg。以全国规模用肥量计，假设能达到化肥的总用量的 20％ 由膏肥代替，也即 1000 万吨膏肥，每年将可以减少向环境减排 COD168 万吨。

每使用 1 吨腐植酸膏肥，等于节约中高营养含量的化肥 300kg，全国全年若使用 1000 万吨膏肥，相当于减少使用 300 万吨化肥，这将节约标准煤 450 万吨，减排二氧化碳 1170 万吨。

以上是从节能和环保方面看。从农业方面看，开发和使用腐植酸膏肥，有多方面的作用，具体分析有以下几点。

（1）对绿色食品生产的作用　农业不会因自动化强度提高又重走使用化肥之路。通过腐植酸膏肥取代化肥，可以使农业现代化程度越高，食品越安全。

（2）对设施农业现代化的支持和保障　只要水能到的地方，带着活性腐植酸的高浓度水溶肥料就能到，这使无土栽培、水面栽培等设施作物能通过电脑控制得到优质均衡肥料的补给。大规模的管道输送系统则投入运送全水溶的有机无机肥料，可以在广大的种植区内实现液肥站供肥。这就使肥料运输逐渐减少对汽车等交通工具的依赖，由管道运输肥料，这或许是我国农业现代化的另一个亮点。

（3）对农业集约化规模经营的促进　在我国大平原地区的大田作物土地集约化规模经营已进展到相当程度，因为这种耕作方式便于实现各种农业操作的机械化。但在南方丘陵和山地农业中，由于地形复杂，种植品种又比较多样化，这种集约化经营举步维艰。现在南方几个省，在工业化城市周边丘陵地带，土地被抛荒和半抛荒的现象比较严重，其主要原因是难以实现机械化，尤其是施肥环节。到了施肥季节，作业面积巨大的农作区根本雇不到劳工。所以施肥管道输送是一项有效解决需求途径。腐植酸膏肥的推广应用，最直接受益的就是这种作业。

对于腐植酸膏肥的生产企业来说，该肥种的生产将给生产企业带来可观的经济效益。以下简要介绍年产膏肥 5000t 规模的企业效益情况。

（1）投入

固定资产投资 合计 155 万元	厂房仓库 2000m²	80 万元
	生产线投资	40 万元
	管理、行政、化验用房 250m²	15 万元
	车辆 2 台	20 万元

地面硬化和围墙、大门及配套设施 20 万元；

土地 8~10 亩（未作价）；

合计：175 万元。

（2）产值、成本利润估算

年产 5000 吨，总产值约 2800 万元；

每吨生产成本 4600 元；

吨产品毛利：1200 元；

实际年利润约 220 万元；

可见，企业正常生产后，年利润超过 200 万元，由于该项目总投资不足 200 万元，属于高回报项目。

第六节　关于肥料管道化输送的思考

农业现代化是我国由经济大国跃升为经济强国的基本条件和主要标志。农业现代化的内容十分丰富，涉及政治、经济、理念和技术等许多层面。本文提出一个对农业现代化影响重大的技术思路：肥料管道化输送技术。

肥料管道化输送在一些发达国家已是较为常见的技术，但在我国还仅仅是萌芽。这个芽不从"根部"而从"末梢"开始长：一些大面积种植的作物实施管道喷灌和滴灌时，把肥料溶进去带着走。这给了我们一种启示：能否把这种管道延伸到源头，把大量肥料输送过来，直至每一株作物？答案是肯定的。

此节将就上述问题进行探讨，希望引起重视和讨论。

一、肥料管道化输送应该提到肥料产业结构调整的议事日程

几十年来我国以化学肥料为主体的肥料结构体制，曾经对我国的农业生产和粮食安全作出了重大贡献。但由此体制而产

生的一些负面影响也日益显现出来，这包括固体肥料的多级批发和无数次的转运，不但不合理地推高了肥料的终端价位，大大增加了农民的生产成本，而且加剧了运力负担，消耗大量矿石燃料。在大力倡导建设创新型国家，大力贯彻碳减排方针的时候，应反思一下现在的这种肥料输送配给机制（也即流通形式），造成了多少问题，如何改良。

随着农业向集约化规模经营转变，新型高能环保肥种的不断开发，以及计算机技术和遥感技术在农业上的普及应用，我国在不同地区施行肥料管道化输送的条件已逐渐成熟。该肥料流通使用模式有巨大优势。

（1）将明显降低肥料运输成本和施肥的用工成本，最终是降低农产品生产成本。

（2）减少肥料销售环节和转折次数，降低终端价，让利给农民。

（3）提高肥料营养成分的利用率，对总体提高农产品的质量有促进作用。

下面举一个模拟例子来进行说明。

假设某作物规模种植区 $1000hm^2$，每年需使用高营养含量复合化肥 1200t。图 6-4 是营销施肥方式和管道输送方式比较图。

1. 运输账

一般肥料厂离批发商较远，批发商离零售商较近，零售商离农户更近，但化肥厂到批发商通常是专车和整车，运费较便宜，批零环节通常是零担发运，运费较贵。两者相抵，按单位重量肥料计，运费由生产厂到批发商大体占一半，批发商到农

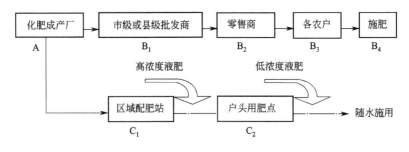

图 6-4　运输环节比较

户占一半。

　　假设吨产品由厂家到批发商运费是 100 元，由批发商到各农户相当于 100 元（这包括农户自搬自拉的人工及燃料费），如果肥料管道化输送，从区域配肥站到户头用肥点的管道输送，1t 化肥大约要输送出 5t 高浓度肥液，这 5t 肥液输送半径通常在 10 公里范围内，输送用电量约 10 度，加上工作人员工资分摊，5t 肥液（1t 化肥）输送费用约 15 元。

　　在施肥环节，固体化肥要专门机械化施肥甚至人工施肥，1t 化肥的施肥费用最少 30 元，而管道化输送到户头后，用户是将液体肥料"与水同行"在浇水时带走的，这一笔费用就全省下来了。

　　因此，两种方案（B 和 C）每吨化肥的输送（到植株）费用分别是：

　　B 方案　　100 元＋100 元＋30 元＝230 元

　　C 方案　　100 元＋15 元＝115 元

　　可见管道输送方案输送成本仅是传统流通形式的 50%。

2. 节省包装物账

　　如果各肥料厂要面对千家万户农户，为了争得用户眼球的关注，肥料的包装袋越做越高级，越花哨，有的到了令人啼笑皆非的程度。不少内行人士都说：外国肥料产品是用包肥料的袋装肥料，中国的肥料产品是用装食品的袋子装肥料。如果用管道输送，区域配肥站有自己的技术人员，他们要的是真材实料的肥料，不是花里花哨的包装袋，他们甚至要求用特大包装或散装，类似现在混凝土站所需的散装水泥。因此实行管道输送，肥料成本中的包装袋费将可节省 50％ 以上，也即每吨肥料可节省包装费 20 元以上。而类似瓶装、桶装的小肥种、高价值肥种，每吨节省的包装费是几百上千元。

3. 减少流通环节的让利账

传统流通环节最大的"价格台阶"在零售商，大肥约有 5％ 价差，小肥种，高价值少用量品种，有 20％～40％ 的价差。实行了肥料管道输送，零售商环节不存在了，农民在大肥品种（化肥、有机无机膏状肥）可以每吨少支付约 100 多元。

4. 提高肥效账

实行肥料管道输送，各区域配肥站将有条件配备足够的技术人员，为不同用户不同作物，备制各种高浓度有机无机复混肥、药肥、功能肥的肥液，并按"少量多次、随水而行"的原则通过管道向各户头用肥点配送。这样肥料利用率将比传统流通和施用方式平均提高了 30％ 左右，也即增产效果提高了 30％ 左右，大田作物每亩每年用化肥 200kg，将增收入 250 至 300 元，经济作物每亩每年可增收 500～800 元。

5. 节能减排账

在此要纳入视线的节能减排项目仅包括：汽车和摩托车运输

燃料费和制造包装袋包装瓶（桶）费，这些账目前只是模拟，不必进行准确数字测算，但可以肯定全国达到 20% 的肥料在流通环节的后半程走管道输送，这将是一笔巨额的节能减排账。综上所述，可以测算出，一个 $1000hm^2$ 的农业区，实行后半程管道输肥，每年可以增加社会经济效益约 200 万元，还有巨大的环保效益。肥料输送管道化应是肥料产业流通形式改革的重要方向，它的逐步施行必将反过来促进肥料产业结构的变革。

6. 节省劳动力账

大规模农场现在面临严重的"人工荒"，季节性施肥临时雇工，几百成千吨化肥要在几天内分配到每棵作物，这在难以实现机械化施肥的地方，真是比登天还难的事。就算雇得到人工。$1000hm^2$ 作物每年也要支出 20 多万元施肥人工费，而实行管道输送和滴灌，仅用 5% 人工即可。

二、适于肥料管道化输送的肥种及其搭配原则

管道输送的先决条件是液体，在条件更好设施更先进的系统还可以输送流体，膏状体，这就更加提高了管道输送的效率。

所以管道输送应选用几乎全部水可溶的肥种，例如液氨和常用的几种水溶性好的化肥、腐植酸膏肥，含腐植酸水溶肥、经充分发酵和过滤的液体有机肥、氨基酸肥等。

管道输肥有利于肥种合理搭配，做到无机有机一起走，大量微量一起走、肥料和一些农药一起走。但应注意：互相拮抗的肥种不可同时混配；中微量元素肥用量少，应在户头用肥点由用户自己混肥。

三、肥料管道化输送的模式表达

肥料管道化输送系统由肥源，区域配肥站，户头用肥点及相关输送机具设施组成，其模式如图 6-5 所示。

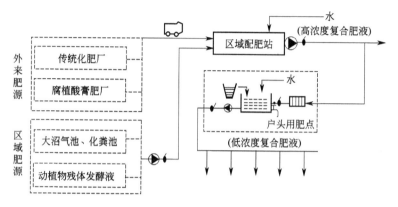

图 6-5　管道输肥模式

其运作程序如下：化肥或腐植酸膏肥生产厂通过运输车辆把肥源运到"区域配肥站"，"区域配肥站"将应配搭的所有肥料加适量制成水溶性高营养浓度肥源，用泵和塑料管道输送给各方向的用肥大户和"户头用肥点"。在此环节，"区域配肥站"可把附近大沼气池经二次发酵后的沼液，化粪池的粪水，或自建的动植物残体经发酵或酶工程变成的分解液，一并纳入配肥站的肥源，既能增加肥料中水溶有机质的成分，提高肥料品质，又可实现废弃物的资源化利用，变废为宝。在"户头用肥点"，输入的肥液经专用仪器显示肥料成分和含量，再经流量计，这一切都被专门的记录仪记录下来，作为缴费的依据。用户还可根据自身的计划，往肥液池（罐）内加入已溶解好的微量元素肥或农药，而后加入更多倍的水，再通过泵或高位增压池，把进一步稀释过的肥液送到管网系统，喷、滴或渗灌到每株作物。

"区域配肥站"是管道输肥的关键环节，这里体现了原肥料批发商加零售商的货物交易中间平台的功能，通过它把肥料从厂家送到用户，把货款从用户交给厂家；同时它又具备技术指导站的功能，对服务区内所有户头的几乎所有施肥都起指导作用甚至直接管理作用。随着系统的运转，其能掌握服务区内几乎所有土地上各户的种植情况和收成时间，它将会增加信息服务，营销中介，甚至农户交流，技术培训等功能，这可能是一种中国特色（社会主义制度）的农业现代化背景下的农村经营网络的一种新单元。因此"区域配肥站"是管道输肥系统的重点。它的管道输送系统将伸至纵横几千米到几十千米的范围内。这不但要及时应对几十家甚至上百家户头用肥点，还要处理庞大的管网系统及其内存物，这里面有复杂的经济问题，也有十分复杂的工程技术问题和农艺技术问题。

四、肥料管道化输送的实例必须面对和解决的问题

大系统多用户管道输肥与一家一户，一种作物的管道输肥相比要复杂得多。由于"区域配肥站"在用户较多的情况下，它不可能向每家用户铺设一套管道，而必须经主管到支管。管道向这家和向那家分配的肥液可能不是一种肥，如何处理前一次输送残留在管道的肥液？某家用户要求输送几十立方米某种肥液，在长达数千米管道中这几十立方米还没法到目的地，源头已不能施压（泵停止运转），怎么解决？这些是目前的工程技术措施还不能解决的问题，而应该立足现实，先易后难，先少（户头）后多（户

头），先急后缓，统筹规划，有的要由末端实施向源头推进，有的要先建配肥站，服务几年再建管网，一种情况一种办法，一步一步往前走。具体可参照以下不同的方式进行：

（1）先解决大片区内单一品种经营的情况，例如大片香蕉园，大片柑橘柚果园，大面积葡萄，大面积茶园等这一类多年种植的清一色作物品种。

（2）先解决服务区内几家超级大户的问题——一户一套管道。

（3）把更多配肥功能放到"户头配肥点"，"区域配肥站"只配送几种常用大肥肥种，每个肥种一套管道。

（4）先建"区域配肥站"和各"户头用肥点"，中间不急于铺设管道，而是先用罐车跑几年，这虽然表面上失去"管道输送"的作用，但是先前分析的管道输送的许多优势都存在，还可以免去大量基本建设投资这种模式是嫁接在管道输送体制上的一种变通和过渡，实际上已是对旧式肥料流通体制的一种重大变革。这在南方多作物品种和复杂地形的农业区更为易行。

（5）在条件允许的地方，实施"计算机—遥感技术—输肥管道化"一体的"农作物全自动化节水施肥高产管理体系"，以及"计算机—输肥管道化设施农业自动化滴灌体系"。

（6）在平原地带的大农业区，实施政府补贴等激励形式率先建立肥料管道化输送体系，引导农业大户联合建"区域配肥站"，引导原肥料代理经销商参与建立"区域配肥站"或者扶持有资质的肥料企业来建设输送管道和"区域配肥站"。

（7）关键新设施、新仪表的开发研制。在管道输肥体系中，不管是"区域配肥站"还是"户头配肥点"，都会使用到各种容量规格的罐体和阀门，这些设施用钢材会生锈，用不锈钢太贵，用混凝土太麻烦又难以标准化，所以在启动这种体制时，应尽早将以上设施的标准化设计开展起来，尽量用玻璃钢和塑料件，使建站建点的设计建造简单化低成本。另外，肥液成分浓度快速显示仪表也应着手研制，这是上述站点最重要的工具之一。

（8）人才的培养问题　肥料管道化输送是我国农业现代化的一台助推器，既是技术问题，又是农业管理问题，因此建议农业院校和科研机关设立肥料输送管道化专项或专题，抓紧研究符合我国国情的肥料输送管道化技术体系和管理模式，通过多种典型农业模式的试点使该技术趋于成熟，并以此培养一批能解决农业产业化过程中肥料流通改革等一系列技术和管理问题的新生力量，为我国肥料管道化输送体系建设和管理奠定专业人才的培养机制。

第七章
生物腐植酸水体肥

第一节　我国养殖水体施肥存在的问题和出路

"水至清则无鱼"是尽人皆知的格言，也是水产养殖的基本规律。所以，水产养殖者都清楚，要养好鱼虾，必须使养殖水体"肥起来"。

旧式小农经济水产养殖，人们没有把水产养殖作为一个产业对待，也就没有集约化经营的观念。养鱼人往塘里投放鱼苗，再添些嫩草菜叶，年底就去干塘捉鱼，能捉多少算多少，既赚不了大钱，也没啥风险。这是没有水体施肥的概念。

随着市场经济的发展，水产养殖赚钱成了水网海边地区许多人致富的重要门路，于是出现了各种集约化养殖模式：高密度投苗，大量投入饲料，配合增氧换水措施。以高投入求高产出，获取丰厚的经济回报。为了保证高密度苗种的成活和快速生长，水必须"肥起来"，于是出现了向水体施肥的作业。

向水体施肥的需求出现了，但是相关的科研和理论创新都滞后，养殖业者只能求助于传统的肥料：有机肥和化肥。于是出现了以下几种水体施肥模式。

（1）直接施农家肥，包括猪粪、鸡粪或厕肥　由于技术水平低，条件简陋，这类农家肥一般得不到深度发酵腐熟，施入水体后不但带入了大量致病菌和虫卵，而且在水中继续发酵，导致水体含氧量急剧下降，造成水生动物缺氧或致病死亡。这种情况在夏秋闷热天气尤为严重，常常造成在养殖区暴发流行病虫害而造成大面积绝收。

（2）猪——鱼合养模式　就是在鱼塘边建猪舍，把猪粪尿直接排入鱼塘。这种情况猪粪尿根本没有经过哪怕是最简单的发酵，其副作用与第一点类似。如果猪数量与塘面积比例不当，就会使塘水发臭，养鱼风险就更大了。也有在养鱼塘建鸭舍，与此模式情况差不多。

（3）化肥模式　一般使用氮肥（尿素等）和磷肥（过磷酸钙等），淡水养殖中也使用一些钾肥。化肥肥塘效果快，但是由于化肥在水中快速溶解，大量营养元素不能马上被利用，不但造成化肥浪费，还会使水体出现"快绿快黑"现象，"快绿"就是藻类繁殖过快。"快黑"就是大批藻类在短时间内一齐死亡，水质恶化使鱼虾缺氧死亡。

经过大量惨痛教训，一些养殖业者懂得了用传统肥料作水体肥的危害，转向寻求适合水体施肥的优质缓释有机肥和多功能肥，配合观察调控水体"自肥"能力，使水质达到合理的肥度而又清爽不恶化，行业人士称之为"绿、活、嫩、爽"。因此在水产养殖市场出现了以生物腐植酸水体肥为代表的先进水产养殖肥水技术。

第二节　养殖水体施肥的意义和规律

前面提到"先进的水产养殖肥水技术"，所谓先进，首先必须是适用的，是符合客观规律的。所以要先来认识水体施肥应遵循的规律。

水体施肥是要使清瘦的水"肥起来"。其实质就是要培育水体中的藻类和浮游生物，这些藻类和浮游生物既是水中食物链的最底层，又是调节水体含氧量、pH值、光照度和水中微生态结构的微型工厂，对养殖水质好坏起着至关重要的作用。所以，没有足够的肥料养分补给，这巨大数量的微型工厂就建立不起来；而肥料养分供应过多过猛又会使其繁殖失控，或者肥料本身就造成污染而摧毁这些微型工厂，结果就适得其反，使水质迅速恶化而导致养殖失败。

在人们领悟到集约化养殖必须向养殖水体施肥时，是把水体当农田的土壤看待的，因此照搬了农田的施肥技术和肥料品种，从而吃了大亏。这就说明：水体的内在因子和变化规律与土壤有很大差异。只有研究分析这种差异，了解水质因子及其变化规律，才能知道施什么肥，怎样施肥。简要概述如下。

（1）养殖动物同水的关系，与种植作物同土壤的关系相比，其依存程度更全面，更密切。例如：许多植物离开土壤后，只要有办法给其提供水和养分。该植物照常可以生长，这是"植物工厂"的原理和依据。但是至今还没有人能使鱼虾在脱离水的情况下长时间存活和生长。也就是说：水质对养殖动物生死存亡的影响程度，是土质对作物的影响不能相比的。

（2）养殖水体与种植土壤比，其内在理化生物因子的稳定性更差，变化更多，受外在各种自然和人为干扰更大、更敏感。

（3）从施肥的角度看，养殖水体有明显的"自肥"能力，而种植土壤"自肥"因素却微弱得多。这个差异使我们认识到：在对水体施肥时要使用土壤施肥所没有的"借力"概念。

（4）改良或修复的可操作性。水体的水质变化可观察，可立即测试或判断，通过针对性的理化生物措施，可在短时间内变化水质。实在不行，可以在不搬动养殖动物的情况下，大量换水以改善水环境，这些都是土壤种植难以实行的。

（5）养殖动物的生活习性，使其在水体的空间移动频繁，而养殖塘却存在各水层之间、水体和池底之间理化因子差异很大的问题。如果这种差异达到养殖动物所不能适应的程度。动物的应激反应将使免疫力低下，产生并发症等问题，使养殖失败。这种现象说明对养殖水质的治理，不仅要改变水体中各因子，还要改善池底的各因子。也就是说包括使用施肥措施在内的调控手段、必须考虑对水质、底质全面的影响。因此水体施肥与土壤作物施肥不同，水体施肥主要是看水（水质、水色）施肥，不是看时（季节）看物（动物）施肥。

通过以上介绍，基本可以了解养殖水体施肥所根据的原理和主要规律，可以确认：使用一般农用肥料作水体肥是难以适应水产养殖的。必须有一类适应水产养殖的"水体肥"，必须建立一套施水体肥的技术措施。

第三节　生物腐植酸在水产养殖中的作用机理

在《生物腐植酸与生态农业》一书中，详细论述了生物腐植酸在水产养殖中作用的机理。本节摘其要点如下。

（1）对有害气体和重金属离子等的螯合功能，这显示出对养殖水质的净化作用。

（2）为藻类提供优质的可直接吸收的碳肥和螯合态氮，可以在不污染水质的情况下使水"肥起来"（用户称之为"干净肥塘"）。藻类的正常繁殖不但给浮游生物和一些养殖品种（例如虾、鱼苗、鲍鱼、海参等）提供优质饵料，还通过其光合作用给水体补充溶解氧，同时还能遮挡阳光，调控水温、调节pH值。

（3）为水体补给有益菌。这些有益功能菌在水中繁殖，有效地抑制水中致病菌。所以有经验的养殖户在多年使用生物腐植酸制剂后，通过巧妙变化使用节奏和使用量，能达到水质长时间不恶化，少用甚至不用消毒药物而使养殖稳定丰收。

（4）有益功能菌和黄腐酸（FA）进入养殖动物的消化道，起到促进消化吸收、抑制病原菌的作用，使养殖动物提高成活率，提高饲料利用率。

（5）生物腐植酸对药物有增效减残留的功能，通过混用或专配药物改良制剂，例如腐植酸铜，可以有效杀灭有害藻类和某些类型的寄生虫，又不刺激养殖动物，不破坏水质。

（6）生物腐植酸与某些中草药或矿物质复配制成多种配方制剂，分别可以改变pH值，消除池底臭气，活化底质，从根本上调节养殖水环境。

综上所述，生物腐植酸及其各种配方制剂在水产养殖中显示出多项功能，尤其兼顾了肥水和抑制病害两方面，这是传统肥料所不能比拟的，是一类替代传统肥料的适用水体肥。

第四节　生物腐植酸水体肥主要品种及其使用方法

由于生物腐植酸肥料在剂型上分三种，所以生物腐植酸水体肥的剂型也分三种，即：粉剂、颗粒剂和液剂。这里主要按肥料功能来划分。

1. 单纯肥水的水体肥

用 BFA 作发酵剂发酵泥炭，并使 $N+P_2O_5+K_2O \geqslant 8\%$，就是肥水（培养藻类）而不污染水体的水体肥。这是一种粉剂，使用在新水必须培藻的情况，一般每亩水体每次用 $5\sim10kg$（水深 $1m$，下同）。

零排放生物发酵床养猪的旧垫料干燥粉碎后，也是一种单纯肥水的水体肥，一般每亩水体每次用 $3\sim5kg$。

用生物腐植酸液配制的含 $N+P_2O_5+K_2O \geqslant 15\%$ 的液体肥，用于肥水的效果也很显著。一般每亩水体每次用 $3\sim5kg$。

2. 既净化水质、抑制病菌、又能肥水的水体肥

以 BFA 加适量化肥（N、P 肥）混合再经粉碎到 80 目以上，即成为兼顾净化水质和肥水两种功能的水体肥。一般每亩水体每次用 $1.5\sim2.5kg$。

3. 以抑制病害为主，又有培藻功能的水体肥

以 BFA 加适量有杀虫或清热解毒功能的中草药混合粉碎，制得以抑制病害为主的水体肥，在盛夏和初秋季节用于预防多种暴发性病害相当有效。这种水体肥有别于一般防病解毒的纯中草药药剂，在清毒抑病的同时，还能使水体保持适当肥度（水色合适），这样可以使水体保持足够的溶解氧并延续其自肥功能。这类水体肥用量一般为每亩每次 1.5～2.5kg。

4. 以清除有害藻类和某些寄生虫为主，又有维持水质稳定功能的制剂

用生物腐植酸液与铜离子和锌离子螯合反应而成的制剂，用以取代硫酸铜，用于清除养殖水体有害藻类和某些类型的寄生虫，与硫酸铜相比，其效果彻底又长效，而对养殖水质的稳定性又有维护功能，客观上起到水体肥的作用，避免水色大起大落。这种制剂又分粉剂和液剂两类，粉剂每亩水体每次用 0.5～1kg，液剂每亩每次用 2.5～3kg。

5. 改善养殖塘底质的制剂

这是由 BFA、生物腐植酸液、矿物质和中草药（或增氧剂）混合研磨而后造粒而成。适用于池底酸臭或缺氧时的改善之需，不但能快速缓解底质恶化危机，还能调节水质，改善水环境。

由于养殖水体是一个复杂多变的生态体系，因此对上述各类产品的使用并不是简单的对号入座式的照搬，而是要紧密联系实际，多品种搭配，多种手段互补，才能顺利达到养殖的成功。

以上是目前已应用于水产养殖业的几种生物腐植酸水体肥（或水质底质改良剂）及其使用方法。实践证明：以生物腐植酸技术为核心，结合水产养殖的实际、可以开发出一系列有别于传统肥料的适用于我国水产集约化养殖需求的水体肥，这是肥料产业的一类创新产品。开发和推广生物腐植酸水体肥，是促进水产养殖业健康发展的重要技术措施。

第八章
生物腐植酸技术与生态农业工业园模式

第一节　生物腐植酸技术是农业现代化的先进适用技术

由于社会的进步和科学的发展，我国农业现代化的步伐加快了。我国农业现代化要走西方发达国家农业现代化的路子吗？不然。主要原因，一是国情，尤其是我国人多地少的国情；二是低碳经济方针，要求我们在规模经济区域内必须实行循环经济、节能减排和资源的二次利用、三次利用。

如此，我国农业的现代化过程，也就伴随着体制机制的变革和现代农业科技的推广应用。现代农业科技涵盖领域很广，例如生命科学（基因工程和种子工程），信息工程（农业遥感技术和计算机精准管理工程）、土壤改良和土地可持续耕作系统工程，绿色环保肥料、有机废弃物的资源化利用，生物肥料和生物农药、农产品的绿色保鲜技术，农产品的深加工和零排放技术等。在上述这些必不可少的一系列技术板块中，生物腐植酸在其中多个板块都能占据一席之地，在此不再详述。

这里要强调的是生物腐植酸的实用性和"放大性"。实用性是指其适用于多种用途，也适用于各种规模。其可在机械化、自动化作业中显身手，也可人工随意操作。它适用于种植业又适用于畜牧业、水产养殖业，还适用于环境治理工程等。

放大性有如三段管的控制极，它以微小的能量激发"大能量通道"的开通。它以0.5%的用量使成千上万吨污染物很容易就变成优质肥料；它以几千克的用量使上千平方米板结的土地疏松而重现生机，每亩马铃薯用其10kg，竟然能增产近750kg。

所以我们坚信：生物腐植酸技术在我国农业现代化进程中，将越来越显示其巨大的作用。

第二节 生态农业工业园中生物腐植酸技术的作用

生态农业工业园是笔者根据福建省"海西"经济带农业的现状和发展前景而设想的一种农业现代化模式，其主要内涵为以下几点。

(1) 农业生产的规模化、集约化；

(2) 农业生产和加工的工业化、标准化管理；

(3) 区域内的多产业布局及其之间的循环经济模式；

(4) 先进农业科技的应用和持续创新；

(5) 坚持生态农业理念和节能减排方针；

(6) 产业园对周边农村和农户的包容发展；

(7) 产业园的产品商业化及市场化运作；

(8) 滚动式发展和现代化企业集团的形成。

这种模式的详细阐述将在后附论文中进行，这里主要分析生物腐植酸技术在生态农业工业园产业链中的主要作用。

技术点一：有机固态废弃物的资源化利用。包括养殖动物的粪便和垫料、生产和加工过程的残渣、餐饮点的废料剩料，园区内的卫生垃圾等。利用的方法包括：集中和分类分流两种。集中是指把固态废弃物集中到园区内肥料厂，用 BFA 技术加工成生物有机肥，并把肥料作为产品销往市场。分类分流是指那些集中难度大、成本高的零星废弃物，在源头用 BFA 技术处理，然后作为有机营养源向近邻另一个产业（品种）转移。

技术点二：有机液态废弃物的资源化利用。包括养殖业高浓度废水，各沼气池或化粪池废水，加工区汇集的废水等，都可以分区集中用 BFA 进行深度发酵，通过导流渠或管道输送到各种植园地或水产养殖池塘。在这种产业园中，基本上不存在向外界排放污水的问题。

技术点三：园区内所有的种植业都全部使用 BFA 或 BFA 肥料，不再使用纯化肥。因此这种园区是农作物既高产又能达到有机食品标准的模范园，也是农产品单位成本足够低的经济园。

技术点四：园区内几乎无处不渗透 BFA 技术，农作物病害少；农药使用少。BFA 还能使农药高效低毒化，再加上大量使用生物质农药，利用天敌治虫，整个园区农业生态良好，鸟语花香，空气清新，水源清澈，环境优美。

还有对园区内技术进步、产品质量、经济效益等多方面的直接和间接的影响，现对以上内容作全面归纳，如表 8-1 所示。

表8-1　生物腐植酸在生态农业工业园中的应用

	应用方向	使用方法	使用效果
作物施肥	生物腐植酸系列肥料在各种农作物中的全面使用	基肥、追肥、叶面喷施、水肥一体化、滴灌、无土栽培	改良土壤、防抗病害、增加产量、提高品质、减少化学农药的使用
废弃物回收利用	农产品加工下脚料和畜禽粪便资源化利用,工业生活废水无害化处理	作堆肥或液体肥料制作中的发酵剂	作用快。加工工艺简单,效果好,可大大降低用肥用药成本,并新增肥料产业的产值
环境治理和修复	改良板结沙化土壤、净化水质、养殖业除臭,减少养殖业和加工业排放	用作土壤改良剂,零排放无臭养殖助剂,水质净化剂、污水除臭,转变为液体肥	废弃物变废为宝,土壤改良,环境优化,可持续发展
推动循环经济	使产业园中多个产业互为上下道工序。在使废弃物排放减少到最低限度的同时,使产业园整体产值远远大于同等规模的传统产业,从而摆脱传统农业低利润运作的怪圈		
促进产业升级	使养殖业和加工业派生出肥料业,使农作物施肥作业向自动化、水肥一体化管道技术转变,使农产品标准化生产变成现实,为工业化加工和食品创名牌创造条件		

　　从以上论述可见,一项核心技术就这样成为一个庞大农、工、商产业集群的技术体系中的重要支撑。同样也证明:一种对社会和历史产生重大影响的巨型新产业的出现,除了政治、经济因素之外,必然要伴随着重大新技术或新技术体系的应用。

第九章
生物腐植酸产品的销售与推广

第一节 深刻认识生物腐植酸的"魂"

多年开发和推广生物腐植酸产品的人，都有一种共同的感受：被生物腐植酸的"魂"所吸引，所感动。生物腐植酸是一种极具生命力的物质、一个极具挑战性的产业、一门富蕴博爱精神的学问。这就是生物腐植酸的"魂"。

它化腐朽为神奇，破瓶颈为坦途，抗瘟病存葱翠，扶颓弱成壮健。它是生命力十足的快乐精灵。

它能破解各式各样的环保难题，成就多少循环减排，推动旧农耕的历史翻过，托起一个个生态农业工业园。搞生物腐植酸，就意味着走上充满挑战、不断创新的漫漫长路。它让祖国山更青水更秀，百姓生活更甜美，其自身微弱的分量推动成千上万个"大个子"去为人民服务，它既滋润贫困农户土地上的枯苗，也为豪华的高尔夫锦上添花。生物腐植酸是博爱无声的传道士，是护卫这个星球的志愿者。

深刻理解和认识生物腐植酸这种"魂"，对推广销售生物腐植酸产品就会充满激情，就能思路敏捷，一通百通，更能坚持不懈，越干越有劲。当然，成果和丰收也就是必然的了。

最近作者认识到一位九十三岁的台湾老人，他在大陆创建了一个肥料厂，艰难地推广生物有机肥。九十多岁的老人，儿孙满堂，生活无忧，却不停地奔波在台湾至山东的路上。问他所为何事，他很平静又很随口地答道："爱农报国"。他说他这一生对家庭、对儿孙、对朋友算是功德圆满了，但看到大陆（他的故国）农业还远远落在别人后面，他想为改变这一点而出力。一席之间听他多次自言自语地说着："毕竟最苦的是农民。"

老人很平和的一席话，能激起听者心中的滔滔波澜。我们从事农业技术和农业服务的人，一干上了就会体验到肩上担子的分量。当然也有不想体验的人，这种人干这一行就是来捞一把的。这是另类农者，是与生物腐植酸之"魂"不相近的人。生物腐植酸事业必须靠那些变压力为动力，以爱心促事业的人们来做。因为这是一项难求速富的业务，是一种必须一家一户去宣传、一点一滴去实践的"苦差事"，还是一门需要通过自己用心去感受去积累的学问。

干生物腐植酸的推广销售，应该在思想上对以上问题有一个基本的认识和认同，才能干得下去，做出成绩。

第二节　对市场的认识

上一节介绍的是思想基础，其实本质上就是对生物腐植酸产品的认识。这里介绍一下对市场的认识。

生物腐植酸产品包括五个系列几十个专用品种，什么系列哪个品种适用在此时此地应用？推广效果是否达到最好？这就取决于推广人员对市场的认识。

对市场的认识包括宏观和微观两个层面。宏观是指对整个目标区域的"扫描"：在这个区域，哪些作物是地域经济的支柱产业？哪些作物是新兴产业？该地域农业的主要作业形态是什么水平（指机械化自动化方面），其农业的主要组织形式是什么特点。该地区农资市场和网络是怎样运作的，有哪些农资"大鳄"？当地农户通常接受什么方式的农业科普或农资推广宣传，用心去分析思考，就能对生物腐植酸产品在当地的推广定出一个较切合实际的方案。

微观认识包括对目标作物的认识和对合作对象的认识。

对目标作物必须作调查研究，重点是：总量——当地总体规模；效益——亩产量和产品利润；物候期——从种苗（下种）到施肥到收获；施肥——这是我们关注和切入之点，施肥总量，基肥，各次追肥，根外施肥，都要调查得仔细；该作物喜什么（肥）、忌什么（肥）；常见灾害及根治方法；以及其他许多细节。这种调查包括向当地农者了解，也包括看书。目标盯上什么作物，就到书店买什么作物的专业书看。你把这种作物反复调查琢磨得透彻，并亲手在该作物施肥，施后亲自观察、感受，那么在这个作物上推广生物腐植酸产品就成功了一大半。

在各地如何推广销售生物腐植酸产品，一般会重点考虑寻找合作对象，他或是当地经销商，或是区域代理商，或是一个肥料厂，或是一个大农场主等。推销工作能否成功，对合作对象的认识了解至关重要。一般来说，了解后两者比较简单，因为他是直接使用者，我们的产品好并且经济，他就会用。最多先试验后开始合作（或购买），关键是推销人员能否在初接触阶段把生物腐植酸解释清楚透彻。而对前两者的了解就比较复杂，所以推销人员应通过正面接触和间接了解，尽可能详细地掌握合作对手的情况。以下几方面是必须清楚地：家庭情况、经济实力，专业知识水平，对周围农户的影响力，与当地权力部门的关系，有无严重不良嗜好（如嫖、赌、酗酒、黑社会背景等），诚信度，业务风格或个性等。如果对上述问题不作起码的了解，贸然确定一个代理商或经销商，就增大了我们在当地业务的风险，或者使公司的业务停滞不前，使年度业务目标大打折扣。

第三节　营销方式既要传统又要突破

传统的农资销售方法是物色合作的经销（代理）商，建立营销网络，这是现在绝大多数肥料和农药产品经营的主流模式。生物腐植酸产品的销售也必须重视这种传统方法，通过建立这张"网"，奠定公司产品一个基本销量，也通过这张"网"，把公司的"触角"伸到农资市场的各层面各角落，既让社会更多了解生物腐植酸，又从社会反馈大量技术和商业信息。还通过这张"网"，把大部分业务人员技术人员撒到最基层去学习去磨炼，大浪淘沙以见真金，形成公司宝贵的人才队伍。这种传统营销方式是生物腐植酸推广销售必不可少的甚至是主流的方法，这是"土方法"、"硬功夫"，这一块不去做，或做不好，突破就没有发力点（要发力脚要先站稳）。但是要充分认识到，生物腐植酸系列肥料产品丰富多彩，五大类几十专项品种，全方位俱全还可以去"放大"别人，"补充"别人，这在众多肥料大类品种中，是极为罕见的，这就给了推销人员极大的发挥空间和"无孔不入"的手段。另一方面，我国农业正处在由小农经济向现代化农业过渡时期，农业产品结构、经济机制、农业技术、自动化水平等都时时在变化，不断推陈出新。这是生物腐植酸产品后来居上占领农资市场的好时机。从某个角度看，农业现代化自动化水平越高，越有利于生物腐植酸产品的推广。所以生物腐植酸产品的推广销售不能墨守成规，而是要抓住上述这些有利条件大胆突破，创造各种适应形势符合实际的新的营销模式。以下举一些实例加以说明。

（1）现在大多数有机肥料厂和有机无机复混肥料厂还在沿用"好氧发酵——多次翻堆——高含水率造粒——高温烘干"生产工艺，还有的新建肥料厂在苦心选择新型发酵剂。更有不少肥料厂是"有钱有人无技术"。这一切都是生物腐植酸的潜在市场。一个单位合作成功，每年就有几十吨上百吨 BFA 粉的销量，远大于一个农业大县传统网络中生物腐植酸肥料的销售总量。

（2）不少轻工、食品类大排污企业，正在为其废弃物的治理而头痛。他们的大量废渣废液用生物腐植酸技术治理，基本上都可以达到"零排放"并生产大量优质环保肥料。这个合作市场无限广阔，一个企业每年就可以带动几十吨生物腐植酸产品的销售。

（3）与农药制造业的合作，用生物腐植酸液去改良农药产品使之提高药效，减少药物残留。

（4）大猪场的改造或新建猪场以及其他大型畜禽养殖基地的切入，都可以带动每年数以百吨 BFA 粉的应用。

（5）农资市场经营机制的变革，新农村建设造成的农村经济组织的变化，都可能为新型农资产品的推广提供新的网络新的平台。

（6）大型农业生态园的不断产生，更成为生物腐植酸产品的热土，形成"企业——大户"销售模式。例如，生物腐植酸可以使一些果树品种早熟，使葡萄和瓜类增甜。因此我们相信不少大型农业庄园为了更高的经济效益会同生物腐植酸结盟。还有如高尔夫球场，它就是豪华的农业生态园。作者制造的第一桶腐植酸膏肥就是供高尔夫草坪用的。

（7）越来越多的设施农业，以及大量名优特农产品的种植，都带给生物腐植酸产品更多新的目标市场。

（8）大到城市环境，交通干线隔栏护坡的绿化，小到社区美化，家庭的花卉鱼缸，都有更多的市场等待生物腐植酸业者去开拓。

一种新市场的开拓，必然带动经营销售方式的创新，甚至带动该产品技术的进步，这是一个无休止的螺旋式上升的过程，也是销售人员不断成熟、不断赚钱、不断发展的过程，所以产品经营销售方法的突破，绝不仅仅是增加销售量的问题。

经营销售方式的突破，是生物腐植酸技术的"本性"决定的，这就要求"生物腐植酸人"要深刻理解生物腐植酸的"魂"，才能做到主动创新，敢于突破，从而能左右逢源，节节取胜，不断有新收获。

第四节　营销人员要做明白人

作者深刻体会到，农资领域的营销人员有"五难"：一要深入农村,劳碌奔波难;二要应付社会,世态炎凉难;三要掌握技术,学问太多难;四要面对权力,是非不清难;五要讨价还价,纠缠追债难。这"五难"是营销行业客观存在的"路障",打破已然不易,如果加上营销人员本身对那些必须明白的事理却不"明白",等于又多了几重障碍,那么营销工作就更难开展了。

营销人员必须做"明白人",才能减少或清除主观方面造成的营销障碍,以下列举需要"明白"的五个方面。

(1)对自家产品的长处和短处要明白 在营销中客观地对待自家产品的长处和短处,不要说得万能,什么都最好最强。例如生物腐植酸"液肥"产品的速效性就没有一些氨基酸类和一些调节剂类产品的快。在向别人介绍产品时,把产品长处说够说透,是最要紧的,不要用自家表面的短处去同别人竞争。

(2)对合作方(包括用户)要明白 这一点在本章第二节稍有提及。明白对方既是合作的基础,更主要的是有利于降低业务风险,紧握合作进程的主动权,还有利于扩大交流,加深感情,把当地业务做顺做大。

(3)对当地作物的农事特点或合作项目的技术要点要明白 这里强调的是把了解的信息和经验及时总结下来,积累成自己的资料,常看常用,达到倒背如流。这不但能使你在推广自家产品时如鱼得水,还有利于拉近与用户的距离,夯实与当地合作者的联盟关系的基础。

(4)对市场上可比产品要明白 市场上可比较产品包括功能相近产品,功能互补产品。明白这些产品的主要成分,技术指标,功能特点,适用范围,优势劣势,用法用量,价格层次等,甚至该产品产家背景,业务员性格特征等,就能帮助你在介绍自家产品时很好地回答对方（包括用户）的质疑，让对方了解我方产品的亮点和物有所值的功能优势，同时也方便回避与功能相近产品的互相贬低和恶性竞争，方便找到与互补产品相互促进，形成 $1+1>2$ 的营销效果。

(5) 对自己要明白　这是五个需要明白中最难的一个。因为人总是把自己的习惯思维和个性特征带到一言一行之中，也就常常把自己的短处或缺点带到营销活动中，在不觉中给自己带来难测的负面影响。

曾发现那些从营销中败下阵来的人，大多数是对自己不明白，或者明白了不去改正、不求上进的人。

例如有一个业务员向经销商收款特别难，每到年底总有几个经销点的货款要花很大精力地讨才能勉强结清。他的上司去访问客户，发现这些经销商对该业务员都有"合理"的怨言：该业务员违背约定在经销商片区偷偷地对用户搞"直销"。

另一个业务员，也是经销商支付货款的"特殊照顾"对象：按排队方式去领取货款的话，他一定是排在长长的队伍尾巴的那一个。他的上司调查发现原来该业务员有一个习惯：每次去找经销商，总是很"准点"，在午餐前十几分钟到达。开始时，店老板很自然请他一起进餐或到附近餐馆开一顿，以后多次都发现他总是准时到，而且每次都没准备付钱。尽管该业务员能说会道而且仪表堂堂，但这一点小毛病不想改，就让他吃尽苦头，最终离开了业务队伍。

还有一个业务员因一点小事处理不妥，丢掉了一个经销点。年初他带了一车产品去"铺货"。车是雇来的，路上吃午餐时业务员用了"AA制"，让司机付了一半钱，但早先买两瓶矿泉水倒是一个人付的钱，这个人是司机。一路上放货，到了其中一家经销商，车在离店面三十几米的地方停下不走了，原因是有一段上坡路，说车开不上去。店老板要求业务员做司机的工作，司机说："你认为开得上去你去开嘛。"就这样，店老板夫妻只好辛辛苦苦把几吨货从三十多米外搬到店内。更要命的是在搬货过程中，该业务员一直夹着文件包站在一旁做看客。年底盘点时，这些货一点不少，被压在门店角落货堆底层，公司只好认栽把货拉回去。其实只要真正去"换位思考"，从合作对方的立场看看自己，业务人员应知道该怎么做。

实际上业务员在经销商的心目中是分不同层次的，最糟糕的层次是讨厌型，他在店里远远看到业务员来了，心里想：这个讨厌的家伙又来了！可想而知，该业务员在他这里会有什么好果子吃。

稍好一点的层次是过客型：看到业务员来了，他心里想：泡点茶，聊一聊，应付一下吧！这是很多业务员常碰到的情况。

真正有"感觉"的层次是朋友型：啊，好不容易又看到你了，来，坐坐，聊聊，待会一起吃饭！这一聊，一吃饭（甚至喝酒），讲的事情就多了，当然商人们不会花太多时间去扯谈，主要还是交流信息，交流经验，谈生意。

再深的层次是亲戚型：当自家兄弟，这是交过心共过甘苦的关系，也证明业务员通过努力工作和服务使经销商赚了钱，使他成了公司的铁关系。

更难得的层次是师徒关系：由于业务人员丰富的知识和超强的工作能力不但帮经销商赚了钱，还使他获得许多新知识，使经销商折服，内心把业务员看成老师，愿意联手打天下，把事业做大。

值得一提的是，在客户心中受重视，被佩服的业务员，都是自觉发扬企业优良作风和优秀文化的人，他的背后有一座无形的靠山——自己的企业。他将自己对企业的感情和忠诚转化为对客户的说服力和吸引力，他也由此获得了个人所不可能具备的巨大能量。

俗话说行行出状元，营销状元一定是在同行（或同公司内）年销售额最高的，但这仅是表面现象。这类似冰山露出水面那小小一角，真正大体积是在水中。这种营销状元的成果更大部分在底部大家看不到之处：大量赢得人心的工作，这就印证了另外一句俗话："得人心者得天下"，打政治战夺政权如此，打经济战也如此。

正如本章第一节所讲，生物腐植酸的"魂"是生命力十足的创新，是无声的博爱。营销精英把这种"魂"融入自己的精神世界，这才达到"人剑合一"的武林高手的境界，其结果他就自然成了营销状元。

事是人做出来的，成事如何最终决定于做事的人。人能做成多大事，是由其自身的知识、智慧、经验、能力、信念、耐力和人际资源等因素综合决定的。人有偶然的成功，但不会有永久的好运气。要在生物腐植酸产品的经营中取得不断的成功，必须培养一批批高素质的营销人才，这同生物腐植酸技术的开发和新产品的研制同等重要。

附录1
超大型养猪场循环经济节能减排新模式 （实施方案）

前言 超大型养猪场是必不可少的重大民生工程，同时又可能是对环境的重大污染项目。本方案将运用最先进而实用的综合治理技术，对这种项目的重大污染物进行资源化利用，变废为宝，并使其对环境的污染降低到最低程度。

本方案提出的治理措施包括：

（1）科学合理的规划和设计；

（2）猪粪进厌氧消化罐产沼气，沼气发电；

（3）沼渣与其他有机废弃物混合发酵制造腐植酸肥料；

（4）沼液灌溉绿萍田，绿萍发酵做猪饲料；

（5）各分猪场污水经生物腐植酸发酵成液体肥灌溉附近农田生产粮食；

（6）粮食做饲料，秸秆与沼渣混合生产腐植酸肥料；

（7）肉联厂废弃物分类处理，生产氨基酸液肥和腐植酸液肥；

（8）利用腐植酸肥料改造盐碱地扩大粮食和饲料生产基地；

（9）部分猪场进行生物发酵垫床无臭养猪试点，以减少粪污排放。

本方案是一个实用的治理方案，所以在方案中将进行部分关键工程的方案设计和经济预算，并最终对总体方案作出评价。

1. 总体规划

总体规划是一个以养猪产业为动力的物质流动循环利用系统。该系统的基础是若干个单元养猪场，每单元存栏 8 万～10 万头。每个养猪单元设一个粪污分离站，固体运去总沼气站，污水在当地进入"分格发酵池"用 BFA（生物腐植酸）发酵后通过泵和高位池——管道系统进入农田。这一部分主要应注意猪的存栏数与污水（再转化为液肥）量与农田面积的关系。

总沼气站收集各养猪单元的固态物（主要是猪粪），在厌氧消化罐中经发酵产生沼气，沼气进入沼气池，再经净化除杂设施进入发电系统。这一部分设计应注意全部固态物的量，消化罐体积和沼气池体积的合理性，以及使用发电机组的容量。

总沼气站每日产生沼渣再进行固液分离，固体部分输去腐植酸肥料厂制造腐植酸有机肥，分离出的液体和消化罐排出的沼液汇入沼液调蓄池，经泵进入高位池和管道，输送到绿萍田，这里沼渣日产量决定了肥料厂的日产量，沼液量决定了绿萍田的面积。

以上论述请参看图 1。

2. 循环利用工艺流程

本方案针对猪场产生的大量排泄物设计几个循环利用路线。

（1）猪粪（或排泄固态物） 猪粪循环利用工艺流程如图 2 所示。

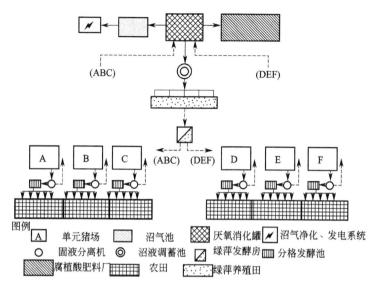

图例
| A | 单元猪场 | | 沼气池 | | 厌氧消化罐 | | 沼气净化、发电系统 |

○ 固液分离机　　◎ 沼液调蓄池　　绿萍发酵房　　分格发酵池

腐植酸肥料厂　　农田　　绿萍养殖田

图1　50万头猪场循环经济产业总规划示意图

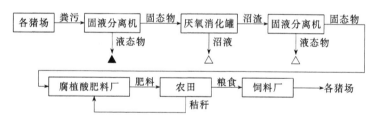

图2　猪粪循环利用工艺流程

（2）污水　污水循环流程路线如图3所示。

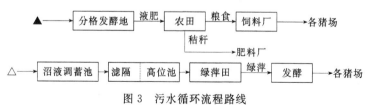

图3　污水循环流程路线

从以上路线图可见：通过几条循环路线，从各猪场排泄出来的污物，除了一部分变成沼气用于发电之外，其他的都转化成猪的饲

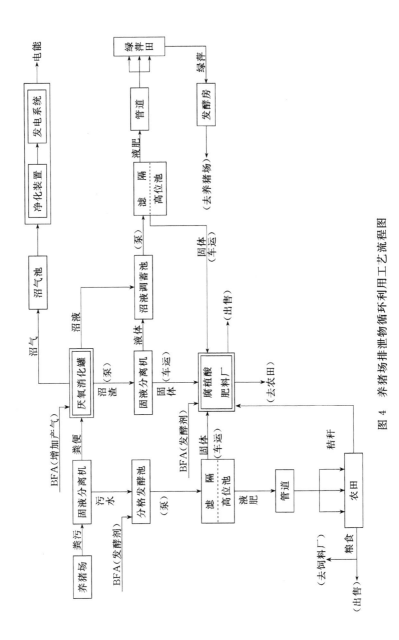

图 4　养猪场排泄物循环利用工艺流程图

料返回各猪场，在理论上完成了物质循环，达到零排放。

具体循环路线见图2。

其排泄物循环利用工艺流程如图4所示。

3. 几项关键技术

要使上述循环利用尽量达到理论上的合理和零排放，除了应该实现科学合理的规划外，在几个关键环节利用先进适用技术也是必要条件。

关键技术一　先进的沼气发电系统的应用，该系统与养猪规模相适应、运行效率高、自动控制和智能调节以适应电能上电网的标准。这是本方案能否取得良好经济效益的重要保证。

关键技术二　BFA（生物腐植酸）的应用。BFA添加入厌氧消化罐，能调节酸碱度、放大产气菌活力，使产沼气量明显提高，不但增加发电收入，还能减少沼渣量，减少后续沼渣处理的压力。BFA还用于分格发酵池，对未能进入厌氧消化罐的大量污水进行就地发酵，不需耗能，7d内污水便能变成液肥，可直接用于灌溉农田。BFA用于腐植酸肥料厂，发酵物料不须翻堆，发酵时间短（7d），可以比传统有机肥发酵少用三分之二时间，少占场地，少排放三分之二的二氧化碳，所以肥效更高。这种肥料厂还不须使用烘干成套设备，设备投资减少60%以上，每吨肥料耗能节省三分之二。

关键技术三　绿萍养殖和发酵技术。绿萍是我国农业部20世纪90年代从外国引进的优良品种，在浅水田每亩每年可收10吨（含干物质35%左右），干物质中60%是粗蛋白，是一种优良的饲料作物。在长江以南大部分地区可常年养殖，黄河以南地区冬春季搭大棚还可继续养殖。收获的绿萍经沥干、搓碎、厌氧发酵，就是适口性极佳的饲料，可替代20%左右精饲料，且猪肉口感更鲜美。

关键技术四 盐碱地的改造技术 BFA 发酵肥料，是改造盐碱地最好的材料，加上其他水利工程措施和农艺措施，可以使大片盐碱地在一两年内就可以成为良田，从而为大量污水（液肥）就地消化吸收并带来新的经济效益（粮食、秸秆）创造条件。

关键技术五 农作物滴灌技术与污水处理技术结合。大面积农田是污水处理的最终接纳者，通过滴灌系统和滴灌技术的应用，液体肥料代替了化肥和灌溉用水，管道输送代替了人工施肥，形成了一个大规模有机农业生态体系，不但大大降低农作物种植成本，而且形成了一种永续耕作的节水农业模式。

4. 本方案实施带来的经济增量

本文件使用"经济增量"的概念而不使用"经济效益"之类的提法，是因为一个大规模养猪场本身的经济效益因不同社会环境原因而不同，所以这个大前提是不定的，而新系统的各子系统的规模、投资量等等都可能因地而异，因而设计形成的新系统的成效用"经济增量"来界定比较合适。现以 50 万头（存栏）为基数来计算。

（1）沼气发电 生猪存栏 50 万头，集中粪便产生的沼气发电量为每小时 1 万度，年发电量为 8700 万度，新增产值 6600 万元。

（2）养猪的污水发酵 养猪的污水发酵，每日形成液肥总共 5000 吨，全年 180 万吨，可灌溉 6 万亩农田，使之达到好收成。生产粮食 4.5 万吨，价值 6300 万元，秸秆 6.5 万吨，价值约 1300 万元，合计新增产值 7600 万元。

（3）沼液养绿萍变饲料 每日由厌氧消化系统产出的沼液变成液肥 1500 吨，全年共 50 万吨，可灌溉 4000 亩绿萍田，年产绿萍 40000 吨，折合粮食 14000 吨，新增产值 1960 万元。

（4）腐植酸肥料 全系统每日产生固体废弃物 500 吨（含水

65％），配入干秸秆（含水 15％）220 吨，可产有机肥 450 吨，全年可产腐植酸有机肥 16 万吨，新增产值 1.28 亿元，如图 5 所示。

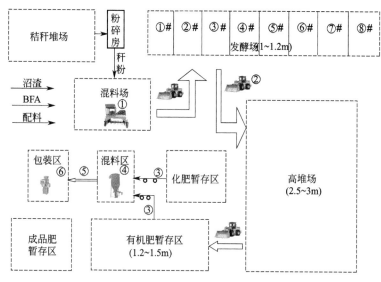

图 5　腐植酸肥料厂平面布置示意图

①—轮式翻料机材料；②—小功率铲车；③—移动传送带；

④—立式混合机（两台）；⑤—固定传送带；⑥—称量包装机

以上是实行本方案后几个方面的新增产值，合计每年共 2.896 亿元。

还有一个"经济增量"——旧式经营所需的"环保投入"全免。以 50 万头生猪存栏计，每年污水处理环境治理的投入，在这个系统中全部不会发生，每年节省数千万元。

5. 各主要部分固定资产投入预测

(1) 厌氧消化罐（4000m³）　　　　　2500 万元

　　　沼气池（50000m³）　　　　　　1000 万元

　　　合计　　　　　　　　　　　　3500 万元

（2）净化——发电系统（10 兆瓦）包括厂房　3800 万元

（3）每单元猪场（8.4 万头存栏）所需排泄物处理设备和房舍

固液分离机 3 台	60 万元
房舍 300m²	12 万元
分格发酵池共 1.7 万立方米	350 万元
滤隔高位池 1000m³	30 万元
泵及管道	40 万元
合计	492 万元

50 万头存栏约 6 个单元，此项目共应投资 492 万元×6＝2952 万元。

（4）盐碱地改造为农田（假如需要的话）

6 万亩×667m²/亩×15 元/m²＝6 亿元

如有现成农田（需 6 万亩），则只需要改造费 6000 万元。

（5）厌氧消化罐配套设施

固液分离机 6 台	120 万元
房舍 600m²	24 万元
沼液调蓄池 2000m³	45 万元
滤隔高位池 400m³	12 万元
泵及管道	20 万元
合计	221 万元

（6）绿萍田、绿萍加工房

绿萍田 4000 亩	2000 万元
加工机具 3 套	12 万元
发酵池 50 个	50 万元
房舍 2000m²	60 万元

　　　合计　　　　　　　　　　　　　　2122 万元

（7）腐植酸肥料厂（年产 16 万吨）

应分为 4 个单元厂，每单元年产 4 万吨。

每单元固定资产投资如下：

　　厂房（包括秸秆堆放棚）：10000m² 　　250 万元

　　成品仓库 5000m² 　　　　　　　　　150 万元

　　内部设备 12 台套　　　　　　　　　60 万元

　　合计　　　　　　　　　　　　　　460 万元

　　4 单元合计投资 460 万×4＝1840 万

（8）全系统主要公共设施

　　生产设施的供电系统　　　　　　　200 万元

　　运输车辆 40 辆　　　　　　　　　 600 万元

　　（公共道路、周转场地未计）

　　合计　　　　　　　　　　　　　　800 万元

以上八部分合计投资约为：

75325 万元（需改造 6 万亩盐碱地），或 21235 万元（有现成农田可用）。

6. 关于零排放生物发酵床养猪

　　用 BFA（生物腐植酸）发酵谷壳、锯末、玉米秸粉、棉籽壳等，作为猪圈垫料养猪，实现无臭和零排放，已是成熟的技术并有成套图纸。这种模式的特点是：

实现零排放和对环境无污染；

节水 70%，省人工 60%；

养猪综合成本略下降；

猪成活率更高，猪肉品质更好；

新猪场建设中不必建粪污排放、收集和处理设施,而主体猪舍投资与老式猪舍投资相比约增加10%;

平均每头商品猪(存栏)每年可产生物有机肥0.4吨,也即50万头猪可产20万吨生物有机肥,价值2亿元。

但此模式有如下问题:

(1)不可能再搞沼气发电;

(2)所需垫料的材料用量巨大,这对超大型猪场是很难解决的。

为了减少基本建设的投入,减少沼液沼渣处理量过大的压力,建议在新建猪场做这种零排放模式的试点,并在后续新建猪场加大零排放模式的比例。

7. 关于盐碱地改造

用腐植酸肥料改造盐碱地,已是成熟的技术。但各地盐碱地现场条件差异很大,必须结合实际情况做出切实可行的实施方案。大型猪场如建在盐碱地附近,最适合进行盐碱地改造。因为每天大量的沼液和经处理的粪水,形成"以肥压碱,以水洗盐"的天然条件,这可以大大降低盐碱地改造的成本。

8. 本系统其他产业的改造

一个超大型养猪场,每天有数千头生猪出售,自建肉联厂和冷库是在所难免的。由于不了解这方面的现状和发展计划,在本方案中未能作出生猪屠宰污水处理设计。如实际需要,将在后续初步设计中加入屠宰污水转化为液肥和固化物转化为氨基酸肥的处理设计,在此暂不涉及。

9. 总体评价

(1)本方案根据50万头存栏猪场设计,总体新增投资75235

万元，其中改造盐碱地 6 万亩须 6 亿元。如不须改造盐碱地，则应有 6 万亩农田供使用，农田改造费用为 6 千万元，总体投资减少 5.4 亿元。

（2）实施本方案，50 万头存栏猪场规模每年可获新的经济增量 2.896 亿元。

（3）实施本方案，实现了以猪场养猪为动力的物质循环利用和理论上的对外零排放，解除了超大型养猪场项目对环境的巨大污染。

（4）本方案应用多项先进节能减排技术，并使各子项目科学地串接起来，形成了内部传统废弃物的资源化利用，对外只提供商品：猪肉、电能、粮食和肥料，是一个典型的节能减排新型农、工、商一体化集团模式。因而上述商品与市场上同类产品比较，成本更低，质量更佳，具有强大的竞争力。

（5）本方案的实现，将可以在国际上碳交易市场取得有利交易地位，从而增加企业的竞争力和知名度。

（6）本模式在全国大型猪场有先进性和示范作用。

附录 2
我国生物腐植酸产品（技术）研发单位（排名不分先后）

单位	电话	联系人
福建省诏安县绿洲生化有限公司	0596-3553868	李瑞波
上海通微生物技术有限公司	021-32170695	张常书
河北生态源生物工程有限公司	13803193359	阎华民
上海中林生物技术有限公司	021-62727786	
北京春熙生物工程有限责任公司	010-89748352	何策熙
河北保定万国生物化学有限公司	0312-3204666	柳智强
开创阳光环保科技发展(北京)有限公司	010-58603965	俞晓云
广西禾鑫生物科技有限公司	0771-5151989	王小进
江门市杰士农业科技有限公司	0750-3220907	吴家强
北京嘉博文生物科技有限公司	010-82782237	黄谦
中国农科院农业环境与可持续发展研究所	010-68919561	朱昌雄
华南农业大学资源环境学院	020-85283066	廖宗文
华东理工大学资源环境学院	021-64253236	周霞萍
太原师范大学腐植酸质量检测中心	0351-2276133	张彩凤
中国科学院南京土壤研究所	025-86881194	林先贵
南通市绿色肥料研究所	0513-86017726	王为民
山东科技大学化工学院	0532-86057766	田原宇
昆明理工大学生物与化学工程学院	0871-6699983	李宝才
唐山师范学院理工系		沈玉龙

参 考 文 献

［1］ 李瑞波. 生物腐植酸与生态农业. 北京：化学工业出版社，2008.

［2］ 朱昌雄. 农业生物资源与环境调控. 北京：中国农业科学技术出版社，2007.